U0508297

余生很贵 请勿浪费

小小 著

煤炭工业出版社

·北　京·

图书在版编目（CIP）数据

余生很贵，请勿浪费／小小著. -- 北京：煤炭工
业出版社，2018（2019.8 重印）

ISBN 978 - 7 - 5020 - 6604 - 8

Ⅰ.①余…　Ⅱ.①小…　Ⅲ.①成功心理—通俗读物
Ⅳ.①B848.4 - 49

中国版本图书馆 CIP 数据核字（2018）第 285294 号

余生很贵　请勿浪费

著　　者	小　小
责任编辑	高红勤
封面设计	程芳庆

出版发行　煤炭工业出版社（北京市朝阳区芍药居 35 号　100029）
电　　话　010 - 84657898（总编室）　010 - 84657880（读者服务部）
网　　址　www.cciph.com.cn
印　　刷　三河市宏图印务有限公司
经　　销　全国新华书店

开　　本　880mm×1230mm$^1/_{32}$　印张　6　字数　180 千字
版　　次　2019 年 1 月第 1 版　2019 年 8 月第 2 次印刷
社内编号　20180997　　　　　定价　29.80 元

前言

　　年少的时候，我们总感觉人生漫无边际，不知道该如何打发这漫长时光，可是当我们长大后，走出校园，进入社会，才吃惊地发现我们的时间越来越不够用，因为所有的得到都需要消耗我们有限的时间。因此，我一直在想，到底是我们想要的越来越多了，还是人生本来就很短暂呢？

　　当我们跨越一次又一次的经历后，终于发现时间的宝贵时，无论我们还剩下多少时间，都应该用这些时间去做两件事情：爱自己和变优秀。

　　虽然有时候爱自己的人看起来往往有点小自私，并且和社会的主流相悖，但真正懂得爱自己的人，却能给自己最好的同时，又不去伤害他人。

　　想要刷点存在感，又不去和别人相比较，这就不错。

　　喜欢的东西自己买，而不是去依靠其他人，这就不错。

　　关注自己的内心，懂得如何去礼貌地拒绝，这就不错。

　　……

　　事实上，虽然这些类似的"废话"指导性并不是很强，但我愿意去谈另外一种情况，那就是很多时候，我们在爱自己之前，一定是经历了太多的不愉快，之后的我们才幡然醒悟。

无论我们在生活中扮演着什么样的角色，都要懂得经营自己、心疼自己，懂得爱自己的人才能爱这个世界和周围其他的人。

变优秀，这是个比较宽泛的命题，因为我们无时无刻不在研究，想要让自己变得优秀。但这条路并不是那么轻松，我们想要变得更好，从某种意义上来说，其实是在克制人的天性。因为所有变好的过程，都不会太舒服。

的确是这样，在写这本稿子的时候，已然是深冬，温暖的被窝对我来说，带着让我无法抗拒的吸引力，如果可以不工作，那我就不用起床了。

一个人的意志力总是有限的，如果心中没有对变优秀的向往，那心中所有的不情愿都会变成前行路上的障碍。

虽然我们可以轻易地原谅自己，但时间却不会在原地等待我们。

这就是现实。

我们每个人的时间只是看起来很长，其实很短暂，有时候，甚至你连后悔都会感到茫然。

我并没有看透人生，只是在长时间地观察这个世界后略有感悟，于是将这些感悟整理了出来。

最后，我想说的是：余生很贵，请勿浪费。你我共勉。

作者
2018 年 11 月

目录

Part 1
奔跑吧，青春

Part 2
不能承受的生命之轻

Part 5
往前看，别害怕挑战

Part 6
别在该吃苦的年纪，选择安逸

奔跑吧，青春

我或许败北，或许迷失自己，或许哪里也抵达不了；或许我已失去一切，任凭怎么挣扎也只是徒呼奈何；或许我只是徒然掬一把废墟灰烬，唯我一人蒙在鼓里；或许这里没有任何人把赌注下在我身上。无所谓。有一点是明确的：至少我有值得等待、值得寻求的东西。

——《奇鸟行状录》

你为什么那么穷

经常会听到很多人的抱怨声，那种抱怨，听着就让人觉得大写特写地烦。无非就是刚发了工资，还没焐热，就花了个干干净净——交了房租水电费，还了信用卡，购物车里的东西一结账，工资卡所剩无几，紧巴巴地挨到下次发工资的时候。

为什么？Q-I-O-N-G＝穷。

我会烦当然不是因为我很富有，而是我知道应该如何努力。努力让自己变得不穷，努力摆脱那种尴尬的局面，努力让自己脱离月光一族，因为穷实在是太让人难受了。

没钱就没有安全感，没有幸福指数，说话不敢太大声，吃饭不敢吃两碗，买衣服要看吊价牌，看电影超 40 元嫌太贵，出去玩只能省内游……活得小心翼翼。

为什么会有这么多"穷人"？因为懒，因为不会争取，看见机会也抓不住。但穷人都有一个特质，那就是他们有很多时间。

我身边有几个这样的朋友，管我借过好几次钱，每次借钱的时候，都会有各种"动听"的理由，让你不能拒绝。但借完第一次，就会有第二次、第三次，无限循环。第四次，态度坚决，不借了。后来总算明白了一个道理，救急不救穷。

穷？我观察过他们的生活，时间绝对自由。朝九晚六上着班，周末双休，相当幸福，没钱却穷得幸福。

在这个大家忙死忙活的年代，周末双休已经是莫大的幸福了，多少人一年都难得有几天假期。

他们一边在外面唱着 KTV，一边叫嚣着老子没钱；一边玩着"吃鸡"，一边叫嚣着老子没钱。

为什么穷？玩得太嗨了，没时间忙正事。

下班后不肯继续学习，周末不肯加班，不肯兼职，来做一些能让自己变得富有的事。一边糟蹋着青春，一边抱怨着生活，一边哭诉着没钱。

他们有很多时间，但就是不肯为自己的未来做打算，说到底就是没有进取心，没有责任心。

再进一步说，也是太闲。真正忙碌的人，不会穷，也没时间哭穷。

有一个学弟，工作起来特别卖命，除了有一份正式的工作外，还额外兼职了其他两份工作，自己的空余时间全被工作挤满了。

我问他为什么这么拼命，他说穷怕了。他说：

大学时候谈了一个女朋友，因为自己条件不好，生活费是别人的 1/3，自己要吃饭，还有其他开支。平常逢节日又要给女友送礼物，稍微好一点的口红也要 200 元左右，吃一顿好一点的饭得 300 多元，自己担负不起，于是就出去兼职数份，赚钱给两个人花。

把时间看得比什么都重要的习惯，大概就是在那个时候养成的。

工作之后自然也舍不得浪费时间，绝对不会让自己闲下来，拼命赚钱，投资自己。他说有了钱，安全指数才会高一点。每次看着自己卡上的数字越来越多，他会偷着乐一乐。

他穷过，知道穷的滋味，所以痛下决心"扭转乾坤"，变得富有点。穷人和不穷的人区别大概就在于，前者穷但不改变现状，后者穷但知道努力改变现状。

如果你觉得自己很穷，为什么不努力改变自己的现状？为什么任由自己在美好的青春年华里继续穷下去？

因为懒+拖延症+爱逃避=穷。

一懒毁所有，爱拖延、爱逃避恐怕是多数人的通病。

太懒了，下班回来就想刷个朋友圈、看个韩剧，给自己找上一个借口，因为累，可以放纵一下自己，等改日再做。

上司交代的任务，从来不会提前交，可以无限期拖延，从月初拖到月末，如果不给一个截稿日，可以拖个天荒地老。

遇到重大的事情，自己解决不了的就会产生逃避的心理，不会好好沟通解决。

这种人如果自己不愿意改变，别人大概是叫1万次都难醒过来的，如果不自省就只能一直在"围城"里困着。什么人该穷？这种人就该穷，如果不改变，很可能会穷一辈子。

你去看看有钱人的生活，谁不是忙得脚朝天？真正的有钱人真的很忙，忙到吃饭的时间都没有。

60多岁的首富王健林，一天行程：15小时，两个国家，三个城市；飞行 6000 公里，签约 500 亿的合同。

苹果公司首席执行官每天凌晨 4：30 就开始接收 Tim Cook 的电子邮件，也意味着 4：30 之前就已洗漱完毕。

以勤奋出名的百度创始人兼 CEO 李彦宏，他说自己每天早晨 5 点多就被机会叫醒。

越忙越有钱，越闲就越穷，你之所以那么穷，就是做得太少，抱怨得太多。

如果真的觉得自己很穷，不如让自己变得充实起来，不要把一天工作的时间很散漫地花掉；把 4 个小时就能完成的工作，拖延到 8 个小时才完成。高效地完成工作，利用其他时间来提高自己。

下班后看点有用的东西，不要整日沉迷在游戏里"日渐消瘦"，周末休闲的时间是富人享受的，如果你穷，你真的没资格去享受，随便做点什么都好，只要是利于自己、对自己有好处的。

要把 3 分钟热度的习性改一改，做什么事不要前天还热血高涨，后天就像泄了气的皮球。

如果眼里有光，你就能看见光；如果眼里有梦想，你就能看见梦想；如果眼里有钱，你就会有赚钱的欲望。当然，希望你的眼里能看到钱，而不是一堆废纸渣子。

别人整天忙忙忙，你整天盲盲盲，这就是不穷跟穷的差别。若想不穷，就请放下做白日梦的心态，用心地行动起来。

你所受的苦，上帝看得到

曾看到过一篇文章——《什么时候你觉得自己苦过》。底下一大片留言，留言的人应该都是有故事的人，起码都是吃过苦的人。

有条留言很长，却也最能打动人心。

她说决定去深圳拼搏的那一天，因为还没有找到工作，舍不得掏钱交房租，就借住在大学舍友的宿舍里，屁股刚坐下，就被舍友的狗给咬伤了。刚来就"挂彩"，也是挺心塞的。

第二天赶去医院打完疫苗后，投奔了距市区 30 公里外的同学。10 天里，来来回回折腾，辗转了 5 个住处，最后住青旅还被偷了仅剩的几十块钱。

那一瞬间，眼泪止不住地流，一切都没有自己想象得那么简单。看着那些林立的高楼大厦，看着川流不息的人群，再低头看看自己，一切都是那么渺小。

哭得差不多之后，看着那些在高空中擦拭玻璃、马路上扫树叶的人，忽然又觉得不那么难过了。于是决定留下来，到现在已经待了 3 年。这让她认识到：再难只要不放弃，总会有希望。

虽然她没说现在的状况如何，但她能轻松地写出这段话，可见是早已释怀了。其实过去的日子, 无论多难, 回过头看, 其实也不过如此。

受过的那些苦, 上帝都能看得到, 它会帮你化成一道强光, 为你照亮前行的路。

我们又何尝不是如此, 何尝没有受过委屈、忍过白眼, 只是行走于世间, 都只能磨炼自己, 让自己变得更强大, 以便有与万物抗衡的能力。

学妹说, 她最艰难的那段岁月是在考大学前夕。

去北京学画画, 在家乡待久了根本不适应外面的节奏, 第一年哭着吵着要回老家, 可看着身边的同学都在低头默默作画, 自己也就坚持了下来。

在心里下决心一定要考取这里的大学, 留下来。为了练习, 为了考取好成绩, 和几个人在拥挤狭隘又昏暗的地下室里画画, 几个人没有眼神交流, 没有嘴巴交流, 只能听见画笔传出的唰唰声。

小小的地下室居然也变得像天堂, 她说那大概是她听过最美妙的声音了, 也是一种宁静的力量, 能让她的内心安静下来。

那注定是难忘的日子, 几个复读的朋友相互鼓励, 也相互见证彼此的青春岁月的友谊, 可以一起看《老男孩》, 一起抱头痛哭, 一起去北京站画速写, 画到凌晨被管理员赶出来, 一边拿着画板跑一边狂笑, 有青春, 有梦想, 真是既疼痛又美好。

为了省钱, 去免费的麦当劳里做设计, 累到睡着。醒来喝口冰可乐醒醒神, 继续接着做。经常不知不觉一眨眼就到了天亮。

既甜也苦，真正有梦想的人，在路上不停歇地追逐也是能享受到某种快乐的，虽然也经受过大大小小的苦，不过终究值得。

她总算是留在了北京，念书，工作。在还没有毕业的情况下，一个实习生能拿到 9000 元一月的薪水也是相当可观了，那是努力的结果，那是洒汗换来的成就。

说这些时，她自豪里带点小倔强。因为受的苦，终究开了花，绚烂，夺目。

总说日子苦，但充实的日子不苦，它让你没有时间去体会那份苦，理想都被充实填得满满当当，也是一种幸福。

虽然有的时候，自己就像被石头卡住的车，因为石头的横加阻碍，无法继续前行，但你只要想办法把石头挪走，它就能继续上路，生活也是一样。

记得有个朋友跟我说过，即便现在的生活不尽如人意，但时间却不会因此而停止，还得继续过，所以他活得比谁都认真。

如果有被上帝亲吻过的孩子，那他就是被巫婆下过诅咒的孩子，因为总是霉运不断，十件事情里有一件能成功就算很好了。

但他也没因此抱怨过，你能看见的永远是他露着八颗牙齿的笑容。

倒霉到什么程度？找了好几个月终于找到一份满意的工作，但到中途忽然被告知降薪，莫名其妙地给他降了几百块，但他最后还是忍住没有去大吵大闹。月底收到第一笔工资，兴奋地去银行取出来，想存到另一张"攒钱卡"里，结果回来路上不小心被小偷偷走了。

　　那一个月交不上房租，差点被房东赶出了门，最后吞吞吐吐找同学借了钱顶上，才能继续窝回那个不到 10 平方米的屋子。生活费没有着落，吃了 1 个月的方便面，最后闻到面的味道都直犯恶心。

　　勤勤恳恳地工作，比不上他的人都提拔了，唯独他一直默默无闻。

　　问他苦吗？他说不苦。我们都说他是骗子，都委屈死了，为什么不苦，但他就是摇头说不苦。

　　但你一定要相信，苦到一定程度就一定会看见甘泉的。后来的他一切都好了，升值加薪，房子、车子都有了，稳定的事业，美满的婚姻。

　　问他甜吗？他说还行。但明显看见他的笑容比以前甜了好几倍。

　　如果你现在受了很多苦，依旧没有受到上苍的眷顾，你别担心它是把你遗忘了，其实它是在花时间给你准备更多的礼物，所以路上来得慢一点。

　　不会有人一直苦下去，只要你用心，总会等来光明的那天，只要你对生活不敷衍，生活也绝对不会亏待你。

你有拿得出手的才华吗

别人曾经问过我这个问题，她问：你有什么拿得出手（值得炫耀）的才华吗？我说特别能吃特别能喝特别能睡，就这"三能"把人撂趴下算吗？她说你可以滚了。

其实后来我仔细想了想，我会打乒乓球，会弹几首钢琴曲，还会弹两首简单的吉他，会背很多成语……想到这些之后，我赶紧又跑去找那个问我问题的人，然后把我会的这些告诉她。

没想到她又接着问我，它们能给你带来物质上的好处吗？一句话又把我问哑然了。我说不能。

"那你这些充其量也只能算是爱好而已，算不上拿得出手的技能和才华。"她依旧淡定。但这一字字都像铁锤一样，重重敲着我的脑袋。

不过仔细琢磨，她说得没错，虽然很功利，但却有几分道理。在这个现实的世界里，你若没有一件可以拿得出手的东西，哪怕你会再多东西，那都是瞎扯淡。

你要是能把你的爱好，变成你在这个世界上游走的利器，那才算是你有真正的过人之处。因为这个世界上，有爱好的人太多了，但很少有人愿意花工夫把它系统化，爱好也永远只是爱好，不会往前跨一步，也不会往后退一步，不痛不痒地存在着。

爱好能不能变成自己的有利武器呢？当然能。

2年前认识的一个朋友，叫莫纳，刚认识她的时候，觉得她挺平庸的，没有过人之处，也没有闪光点，像很多普通人那样，领着薪水，朝九晚五，周末混网络。

可就是这么平淡的一个人，忽然某天变得发光发热起来，声名大噪。后来了解才得知，她的光热皆来自她的爱好。

她以前有个爱好，就是喜欢看书写字，但也仅仅是工作之余的小爱好而已，没有花太多时间去系统打造。

时间一长，慢慢读写的那种劲儿越来越强烈，她内心的欲望也越来越浓烈。于是她花在读写上的时间便越来越多，每天起码保证在5个小时以上，周末例外，因为周末时间会更长。

因为读得多写得多了，思想也变得深邃起来，语句也由通畅变得犀利，总是能一针见血地抓住要点。

当发现自己能写之后，索性辞去了当初的职业，重新创了业，设立了自己的情感公众号，专为女性而写。

因为按时更新，质量也很高，粉丝栏的人也越来越多，阅读量篇篇"10万加"，成为了知名女性情感博主。当然了，Money也是噌噌往上涨，翻了好几番。

现在我见到她给别人介绍时，也不会像当初那样哑然，会底气十足地向别人介绍：文笔一流的女性情感专家。

她的爱好，给物质生活与内在都带来了改变。自然，那也是她拿得出手值得炫耀的才华。

　　有一项才能加身，已经能为自己的温饱解决很大的难题了。而且这项才能，既能丰富自己的物质，也能在强大的人脉圈里占有一席之地，是一张烫金的名片。

　　爱好雕琢成才华，多好啊，不过这是很多人羡慕不来的，因为多数人没有这种勇气。

　　前一阵和朋友聊天，跟往常一样，他又跟我扯起了他的感情史，说来说去也无非就是他又遇见什么样的姑娘了，跟我分享分享。

　　不过说实在话，我也爱听他叨叨，因为他每次交往的姑娘都比较厉害，不是这个专家，就是那个硕士博士，总之有自己的可取之处，我听多了也能熏陶熏陶，受点别人的刺激，鸡血个两三天。

　　但他说这次遇见的妹子，不是那么回事，人虽然长得是他喜欢的类型，但相处一阵后就不行了。因为妹子身上实在没有可取的点，可以吸引到他能长久相处下去。妹子虽然爱好很多，但无一精通，让他感觉有些乏味。相貌虽好，但不能保鲜。

　　说实在的，其实就是妹子身上没有一项出众的才华，倘若有一项，他都不会说妹子很寡淡。反言之，如果她有一项出众的才能，她其他的爱好都会变得让她光彩四溢，别人会说这个姑娘实在太有趣啦。

　　不出 1 个月，他就把那个妹子忘得干干净净，很快发展了一个新的对象。这个妹子是学医的，是个大学霸，在她自己的领域获得的成绩，都是别人可望而不可即的。再加上她钢琴还过了十级，能弹哀感顽艳的曲子，生活中角色能顺利切换到位，把他迷得魂不守舍。

你没看错，感情都是这么现实的，何况功利的社会呢？所以你必须得有一件拿得出手的才华才行啊。那项才华要能保障你的利益，才会让人觉得你是个大牛级别的人物。

才华＝才能，也即是技能，双重意思。你的才华一定要精，要能立于地，稳于天，才能在世间立足。没有达到之前，都只能称呼为三脚猫的小爱好。有小爱好的人多了去了，算不上"人中龙凤"。

我认识的一个小提琴老师，他真的算有才华之人了，拉了30多年小提琴，早就拉进了国家大剧院，有不错的薪资能养活自己和家人。

每一次别人过生日，在宴会上，他要是兴致好，会给大家拉上几首，那优美的旋律，绝对专业的手法，总是会引来大家的注目和一阵如潮般的掌声。

我都能听见姑娘们咂吧嘴的声音，当然这夸张了，但姑娘们确实是被惊艳到了。

你看，这是"人中龙"，既能赚钱，又有才能。你们要能做到这样，也就是牛气的人了。

人到25岁，时间会过得越来越快，你一定要抓紧时间磨炼自己的技能，为自己糊口做好准备。年纪越大，身体接受的机能逐渐下降，时间越晚就对自己越不利。总之，这一辈子不能过得太窝囊。

只有足够努力，才配拥有好运气

前一阵儿，热播选秀节目《创造101》里的王菊火了。

肤白貌美大长腿，加上会说话，很容易引起观众的注视，火起来也是理所当然的。但王菊却并非这一类人，比起那些"小辣妹"，她起点很低。她有点矮有点胖，甚至有点黑，而且还是以踢馆选手的身份进入到比赛的。

不白不瘦却异常自信，她在舞台上向所有观众揭露自己的野心：她想留在这个舞台上，她想要这个机会。

不是所有普通人都有这般自信，毕竟她没有任何值得炫耀的资本。

但她勤奋，她努力，她就有底气。她比谁都用功，比谁都努力。

若不是台下使出过4倍的努力，哪儿来的铁一般的自信呢？自信的背后是汗水给的底气。

她用努力开路，在节目里力压其他选手，稳居首位。虽然一开始各路网友纷纷黑她，但最后都被她的努力和勇气所征服，纷纷为她点赞。

一个"矮胖黑"成功逆袭成了新一代偶像，凭的是什么？凭的是她的执、她的念、她的努力。没有天生的好运气，好运气也不是凭空而来的，都是努力在背后做助力。

面对别人的"横空出世"，你以为他只是运气好，其实你看不见他背后有多努力。

例如唐家三少。

你能看到的是唐家三少常年稳占中国网络作家富豪榜榜首，年收入上亿，体面又光鲜。你会觉得他足够幸运，上辈子拯救了银河系，才能在众多网络作家里脱颖而出。

但你知道他有多努力、多勤奋吗？

感冒发烧41摄氏度，在医院挂点滴，抱着电脑在病床上边输液边更新文章；

妻子产房生娃，坐在产房外的长椅上边敲字边等待；

出席宴会，正襟危坐，边敲字边等待；

……

每天任务8000字，少一字都不行，十几年如一日，从来没断过更新。他自己曾坦言，敲字严重的时候，妻子有事叫他，他脖子不能单独扭，得跟着身子一起转过去。

有人说，他或许不是最有才华的作家，但他一定是最勤快的作家，也确实如此。但凡他稍微偷懒，或许就没有现在的唐家三少。试问，如果是你，你能坚持吗？不知道你会找出什么样的借口，来搪塞你每天不想码字的心情。

如果他不是这么艰难地努力，空有一身好运气，拿什么来成就自己呢？都说运气重要，但在生活面前，努力却更重要。

曾在豆瓣上看到过一篇文章，文章里有一个尖锐的问题：你有没有运气爆棚的时候？

底下有一条留言，很扎眼。

留言上说，他似乎拥有很好的运气，学业、工作都有着不错的运气，运气经常"爆棚"，别人都说他是被上帝亲吻过的孩子。

但恐怕只有他自己知道是怎么回事。

小时候：

别人在外面玩游戏，他会被他妈妈叫回家写作业；

别人在看电影娱乐，他在阅读四大名著；

别人去游乐场玩耍，他在写数学公式；

别人在外面度假，他在分析一道道错题；

……

长大后：

别人忙着恋爱，他忙着考研；

别人忙着游戏，他忙着考研；

别人忙着吹牛，他忙着考研；

……

工作后：

别人朝九晚五，他朝六晚不知道；

别人潇洒娱乐，他赶项目进度；

别人假期旅游，他连续通宵加班；

……

于是他的运气好到爆棚，进名校，入外企，毕业 1 年就被提拔为总经理，人人赞他年轻有为，人人说他运气好。

运气从来都只垂青努力的人，你够努力，你的运气就够好，无一例外。

还记得外卖小哥雷海为吧？那个在诗词大赛上闪闪发光，最后夺得总冠军的人。

他13年如一日，利用所有的闲暇背诵唐诗，翻阅经典。最后他站在那个耀眼的舞台上，与文学硕士PK，一举夺冠，成了新一代"诗魂"。你可以说他有足够的运气，但你也绝不能否认他有多么努力。要发光，必定先层层雕琢自己，忍受痛苦的锤炼过程。

要想变得不一样，就只能加快奔跑的速度，在速度里不断坚持。

什么是运气？运气里藏着你读过的书、走过的路和洒下的汗水。

最可恨的就是有些人不够努力，还偏偏怪自己运气差。

我身边有一个写网文的作家，写的东西经常无人问津，阅读量少得可怜，经常在个位数，如果哪天超过三位数，对他来说已经是很不错的了。

经常会收到他发来的牢骚信息，一副郁郁寡欢不得志的模样，说他太倒霉了，运气总是不好，写的东西老没人看。

看他写作也有1年多了，我也纳闷，叫他把作品发给我看看。我虽然没有写过网络小说，但也看过不少。看过之后，才知道什么叫词语生硬，他确实写得不怎么样，句子缺乏灵气，故事没有创新性，顶多也就骗骗小学生而已，难怪没有点击量。

我问他有没有每天坚持更新，他说没有，有时间的时候才更新一下，没时间就忘记了，三天打鱼，两天晒网模式，跟小有名气的网络写手比起来差远了，就更别提跟唐家三少相比了。

有些人以为有些事情只要去做就够了，至于努力的程度，并没有那么看重，所以好运自然也是要来不来地"调戏"你。

没有天生的好运气，都是用刻苦和汗水换来的，任何东西都是等价的，为了那份真正的好运气，你也应该努力去争取一下了。

坚持到所有人都放弃

记得北大才女刘媛媛在演讲里，说过一段相当漂亮的话，她说：我想做的事情，很少会放弃，我想做的时候没有你们想得那么盲目，我放弃的时候也决不轻易。

所以她披荆斩棘，从农家少女一路逆袭成北大法律系的硕士生，成为一时的佳话。她的演讲视频，几乎看得所有人热血沸腾。

因为太厉害，那种坚持，绝不是一日两日就把成功给磕出来的。那期间她一定忍受了常人所不能忍受的痛苦，才能成为众多人里的拔尖者。

而多数人则是受了一点苦，就难受得坚持不下去了。哪怕是看了别人的励志故事，那种沸腾与热度也只是在当下。那一罐鸡血大多能维持3天就很不错了，3天之后又重现"原形"，因为坚持太难了，艰难得无法想象。

但不坚持，就不会看到结果。不是有一句老话叫：不是因为看到希望了才坚持，而是因为坚持了才会看到希望。

坚持虽难，但还是有一些人在笨笨地坚持着。也许他们就是因为懂得这个道理，才不肯向命运低头，例如读者王小帕。

王小帕很能坚持，最可贵的是他的坚持是持久性的，绝不以3天学英语2天买菜的态度来敷衍自己。

王小帕说他之前看过我写的一篇关于坚持的文章，有很深的感触，但他那会儿正在没日没夜地赶项目，没来得及回复，现在有工夫泡上一杯热茶跟我说一说了。

他觉得他自己太牛了，想把自己的故事说出来，让更多的人知道。他那么不吝啬地赞美自己，想必确实是做了连自己都要感动得掉上几滴眼泪的事情。

他说他2年前还是一个身高178厘米、体重192斤的大胖子。那时倒是没人在他耳边说"王小帕你该减肥了"之类的话，是自己觉得到了夏天很难受，而且身上还会散发出一种难以启齿的"胖子专属味道"——一股胖骚味儿；行动起来也很不便，经常走几步就大汗淋漓，跑起来就跟要断气似的，上气不接下气。

下决心吧，坚持吧，办卡吧。说行动就行动。每天晚上无论多晚都会去健身房泡2个小时，经常没人了，他还在照着镜子一遍遍练习，一边喊救命一边坚持，一边龇牙咧嘴一边坚持。

他戒掉了自己爱吃的汉堡，还有那些高脂肪的东西，吞着口水满头大汗地跑步。大概坚持到 4 个月的时候，已经能明显看出他身材的变化了，棱角凸显了，小腹缩紧了；到第 5 个月的时候，他减掉了 30 斤。

他说本来减肥就不是什么了不起的事情，很多人都有减肥的经历，但他牛气的地方是，他胖了整整 20 多年，到现在才下定决心要减肥，而且还成功了。

他问我服不服。我说服，并给他颁发了一朵小红花。

我虽然没胖过，但也知道减肥这件事是个毅力活儿，一般人真的做不来。我有一个朋友，她一直嚷着要减肥，结果减了 3 年，连一斤肉都没减下来，反而重了几斤。通过这件事，你就知道减肥有多难了。

王小帕说，其实这还不是他坚持得最牛气的一件事，还有另外一件事。

他是个室内设计师，在成为正式设计师之前，他都是给人打杂的，给人当助理。当助理也就罢了，最主要的是半年没有工资。

很多人都吓退了，但他留了下来。别人不做的他做，别人不上的他上，一点点摸索经验，每天画画到半夜，渐渐有了自己的创意和艺术感。因为表现越来越出色，他也渐渐能独当一面，从半年没有薪水的小劳工，摇身一变成了年薪可观的小金领。

他问我服不服。我说服，并再次给他颁发了两朵小红花。

坚持难吗？难。还要坚持吗？必须坚持，坚持到所有人都放弃，那时你就成功了。

你总能为自己的坚持找一份理由的，我们都是现实主义，不怕往现实里说。

例如刘媛媛拼命学习是为了跳出农门，展翅高飞；

例如王小帕减肥是为了约上心仪的妹子，努力工作是为了有钱给心仪的妹子买漂亮的礼物；

例如我现在拼命坚持写稿，是希望有一天我的名字能占据作家榜的一个小角落；

例如你努力学习英语，就是为了远走高飞去美国、英国、加拿大留学看世界；

……

无论如何，都要坚持啊，那 3 天热情 5 天丧气的劲儿可不太好，坚持不下去了就想想初衷，想想当初为什么要这么做。

既然一脚踏进了这个死胡同，就再无回头之路，再烂的路，都要挽起裤腿走完全程。

别人的坚持可不比你少，你不能轻易被打败，"敌人"都在奋斗呢。

村上春树坚持跑步，一跑就跑了 30 多年；

严歌苓每天坚持伏案写作，一写就是 30 多年；

……

坚持那么累，谁不想舒适啊，但不坚持就一定没有长久的舒适。只是他们的坚持养成了一种习惯，当坚持变成习惯后，反而成了一种享受。因为难度系数渐渐被自己克服，克服完之后就是愉悦。

但愿在享受到这种愉悦之前，你不要放弃，放弃后你不会输掉全世界，但一定会输了你自己。

"坚持到所有人都放弃"，这显然是一句很霸气但又很残忍的话。霸气和残忍都是因为只有少数人才能做到。其实，不需要坚持到所有人都放弃，只要剩下的人里你不先倒下就行。

人丑就要多读书

人为什么要读书？因为读书与不读书的差别会很明显。曾经有一部热播剧《欢乐颂》，就很能显现读书与不读书的区别。

剧中"五美"之一的安迪是职场中的女王，不但生得好情商高，还很爱看书，她家有两个很大的书柜，柜里摆满了各类书籍。在镜头里，我们经常能看到安迪读书时候的恬淡样子。

作为企业高管，平常的闲暇少之又少，但她总能每天抽出 2 个小时的读书时间。

相比起来，"五美"里的其他"四美"就不怎么爱看书了，房间里不是化妆品，就是衣服包包，一屋子"胭脂味"，在她们眼里，书那种东西是可以不用存在的。所以从另一方面来说，安迪的成功是有道理的。

剧中有一个桥段，更能看出不读书闹出的笑话。

曲筱筱、安迪、赵医生和魏渭四个人一起玩麻将，麻将桌上安迪手气大好，赢了很多钱，曲筱筱与赵医生则输得非常惨。安迪忍不住笑了起来，对魏渭说了一句玩笑话："亲爱的麦克白夫人，你的双手也不干净！"

曲筱筱不知道这句话的典故，以为安迪笑话魏渭，气氛顿时谜之尴尬，气得赵医生恨不得马上和曲筱筱分手。

这就是不读书闹出的笑话啊，她连莎士比亚悲剧里的台词都不知道。其实安迪那句话的意思不过是想说魏渭是自己行为的"帮凶"，但她不懂，结果好好的一场娱乐，闹得大家不欢而散。

读书不读书，言语间就能看破，什么都能演，唯独读书这件事怎么演都演不好。

你读的书多，你的思维会更深邃，你的选择也会更宽广。生活中越是层次高的人，越能理解坚持读书的重要性。

我在一次画展上认识了一位大学老师，叫 Sherry。见到她的第一眼，就知道她不凡。不用开口说话便知她是读书人，端庄秀丽，自带书卷气。

慢慢接触熟悉后，发现我确实没有预料错，她很爱读书，且读的都是哲史方面的硬书。

她每天都会读书，不分场合，教书台、咖啡馆、书店、家屋书桌、候机场……如果说她是一个"浪费"时间的人，那她的时间便都"浪费"在书上了。

因为喜爱读书，她创立了自己的电台，经常会邀请一些爱读书的嘉宾共同探讨，聊书里的所感所悟。她说每个人眼里所看到的知识都是不相同的，所以每个人的见解也不一样，这是一件很有趣味的事情。

因为书，她也结识了很多不同层次的有趣的人，这些人也给她的生活带来了不同程度上的意义。

我到现在还记得她说过的一句话："在读书中读人，是一件很有意思也很快乐的事情。"是啊，读的书多了，读起人来也能轻松得多。

认识的另一个企业高层，也是如此。不管工作多繁忙，处理的事情多复杂，总会在空闲里抽1个小时来读书。他说当人养成读书的习惯之后，一日不读会觉得浑身不舒服，像少了些什么一样难受。

他所学到的东西，都会运用到各个场合，或一句话，或一个片段，或书里的概念思维。

越爱读书就越有趣。我记得曾经有一个朋友，对我说过一句颇有意思的话，她说如果你喜欢的那个人是个爱读书的人，那你一辈子都不会感到枯燥，因为他每天会吸收不一样的知识，你一辈子都会读不完他。这话，一点毛病都没有。

读书，是世界上门槛最低的高贵，只要你愿意去读，它就一定能给你带来某种程度上的好处。

曾国藩曾说："人之气质，由于天生，很难改变，唯读书则可以变其气质。古之精于相法者，并言读书可以变换骨相。"

毋庸置疑，书读得多了，容颜气质自然会改变，你所读过的书都会变成你身体内的一部分，跟你紧密结合在一起。

但也会有人苦恼，说看的书太多，过后就忘记了，根本记不住。那你大可不必担忧，以前有这样一段话来比喻过这个困扰。

大意就是读书好比你小时候吃了很多食物，大部分已经一去不复返被忘掉了，但可以肯定的是，它们中的一部分已经长成了你的骨头和肉，深入骨髓了。阅读对你思想的改变也是如此。

读书是潜移默化的，它会隐形于你身后，为你蓄积能量，只待有一日你需要用时，它便可以"排山倒海"般袭来。

你呢？反思自己 1 年会看多少本书，曾总结过吗？身边很多人是不爱读书的，读的大多都是一些打发时间的"快消品"，不会深入去研究。不管你有没有时间，你都应该挤点时间出来读书的。

俞敏洪 2014 年在东南大学的演讲上，透露过自己 3 个月读完 60 本书，逮到空隙就会读书。演讲上，他不断鼓励年青的一代，一定要多读书。

如果你不爱读书，我建议你去趟日本，去完回来或许你会有所收获。因为日本人很爱读书，他们几乎能在所有的场合看书。最能看见他们爱读书的现象，是在电车上，无论什么职位，几乎人手一本书，等车，坐车，都不愿意浪费时间。

如果你不读书，也许你连高中生的作文都无法动笔。

最近重新看了一下 2017 年高考作文题目，还是能惊呆半日。我说几个题目你们随意感受一下。

北京卷："说纽带"和"共和国"，我为你拍照，根据纽带，写一篇议论文；

上海卷：预测，自拟标题；

天津卷：重读长辈这部书，自拟标题；

江苏卷：车辆与时代变迁；

浙江卷：有字的书，无字的书，心灵的书；

……

如果没有足够的内涵，你会提笔写字吗？或许你根本无法动笔，因为脑海里的知识太薄弱了，社会在进步，作文的层次水平也在逐渐提高，如果连一篇高中作文都写不出来，你可能要自惭形秽了。

有一句话叫人丑就要多读书。不管你丑不丑，我想你都应该拿起书本读一读了。

或许你可以说你不爱读书，你若不爱读书，你要相信我，你的世界一定会缺少很多乐趣，而且读书的人永远魅力无穷。

要么出众，要么出局

如果你也和我一样，喜欢看综艺节目，那么想必你也应该知道，无论是唱歌、舞蹈、诗词、演讲、喜剧或拳击，都可以是比赛制的。节目里，评委的通过键和拒绝键，会直接决定选手们是晋级还是离开。然后经过初赛、复赛、决赛层层筛选，无论一开始报名的人有多少，最后留下的一定只有那些优秀的选手。

我记得曾经有档喜剧综艺节目，报名人数居高不下。一个深受大家喜爱的演员演完节目之后，站在舞台中央，满心忐忑，等待评委的"宣判"。彼时气氛高涨，因为人气高，观众一致大声呼喊，让他留下。但三个评委似乎不与观众站在一条线上，所以不管他们喊得多大声，评委们还是遵循自己的内心，一齐按下了红色拒绝键，那位喜剧演员黯然离场。

评委的拒绝键，无非就是那位演员不是他们心目中想要的喜剧演员，至少目前为止是这样。

在舞台上参赛的人，他们是继续前进还是就此止步，都是评委说了算。够优秀你就留，不够优秀你就下台继续磨炼。

要么出众，要么出局。无疑，这是比赛的残酷。

但比赛本来就是残酷的，好比生活。生活的残酷，丝毫不亚于舞台。

我曾经看过一部电影，电影的剧情简介很完美地把我带了进去。可能很多人都看过这部励志大剧——《沙漠之花》。

电影本身讲述的是：一个叫华莉丝的小姑娘，3岁被迫接受惨无人道的女性割礼。为了逃避父亲安排的婚姻，不甘命运的安排，她从索马里那个贫瘠的大沙漠一路行走，只身奔赴伦敦，受尽磨难，最终成为顶级名模的故事。

或许许多人崇拜她的勇气，瞻仰她的光芒。其实，在成名之前，她无学识，做着最简单的工作，拖地，洗碗，没有自尊，经常被主人轰赶。

但你知道的，当一个人越是努力生活，越不放弃生活，她才越有可能被命运垂怜。在日常工作的某天，她被摄影界牛人挑中，从此踏入演艺界，至此从头到脚地改变，走进光鲜亮丽的人生。

自然，看到这儿，你会觉得这是一部励志大片。但你继续往下看，你不能忽视华莉丝身边的重要角色——她的好友玛丽莲。

玛丽莲是一家服装店的普通店员，但她的梦想是考入芭蕾舞学院，成为一名舞者。可她没有华莉丝那般幸运，她一次次被拒，一次次在收到拒绝信后，歇斯底里，掩面大哭。

我很清楚地记得一个场景：比赛之前，所有人都已经提前到达，热身良久。只有玛丽莲，作为那最后一个参赛者抵达比赛场。本来还算轻松的她，看到紧张的氛围，便焦急起来，茫然无措，试图用自己的微笑化解自己的尴尬。显然，是她准备得不够充分。

结果可想而知，她再一次被刷下来。

俗话说态度决定一切，或许你可以认为她被某件事情耽搁，所以身影在最后一个出现。但是，在残酷的竞争面前，容不得有丝毫懈怠。

所以，她一次次被拒收是有原因的。你不出众，自然有人比你出众，不出众的后果就是出局。

华莉丝经过层层雕琢，在众人里出类拔萃，她胜出，自然在模特界有一席之地。但玛丽莲，次次准备不够充分，她的梦想，自然只能继续仰望。

虽是电影，但又何尝不是通过其中的道理，折射到生活的原理上。

现实生活就是这么无情。你不跑，自然有人跑。如果你不够努力，那些千千万万的人自然会抢走你的机会，抢走你的荣誉。

下面，我们来看一组数据。

据不完全统计：

2014 年全国普通高校毕业生达 727 万人。

2015 年全国普通高校毕业生达 749 万人。

2016 年全国普通高校毕业生达 765 万人。

2017 年全国普通高校毕业生达 795 万人。

从上面的数据来看，意味着每一年的毕业生都在增加。如此庞大的数字，意味着什么？意味着，会有成千上万的人，随时加入你的队伍，与你竞争。如果你不够出彩，你只有面临淘汰的份。而那些准备好的人，随时都会让你现在所处的"安全地带"分崩离析。

他们也许比你更年轻，比你更能吃苦。你只有不断鞭策自己，才能继续在水深火热中生存下去，才不会被北上广深那样的一线大城市给挤出来。

举一个很现实的例子。

曾经一个学妹去一家公司应聘人事专员的职位，恰巧那天有好几个人一起竞争这个职位。

其他几个人显然是做足了功课来的，事无巨细，包括面试官问什么，她们事先都想到了，回答得简直天衣无缝。

这头儿的学妹显然没有做太多功课，嘻嘻哈哈地就来了，问什么也是回答得支支吾吾，一点也没拿出未来能 Hold 住人心的气场。

最后面试官连敷衍她的耐心都没有，直接对她甩一句，很抱歉，你不合适之类的话就打发她走了。

你行你留下，不行就走人。你要么出众，要么出局。没有任何商量的余地，生活无法讨价还价。

生活面前，你只有不断地前行，不断地奔跑，才能不被对手打败，才能赢得比较好看。才能在那狭小的细缝里，找到一个立足之地。

Part 2

不能承受的生命之轻

　　拿一架钢琴来说，从琴键开始，又结束。你知道钢琴只有 88 个键，随便什么琴都没差。它们不是无限的，你才是无限的，在琴键上制作出的音乐是无限的。我喜欢这样，这样我才活得惯。

——《海上钢琴师》

如果人生苦，你不如热腾腾地活

前一阵跟我妈一起看新闻，被里面的内容震撼到。

莫天池，湖南长沙人，患脑性瘫痪，先天性运动神经受损，不能正常行走，有肢体动作时还会发生痉挛。

2018 年初，他拿到了美国纽约州立大学石溪分校计算机专业的博士全额奖学金，此前还获得新泽西理工学院信息系统专业的博士全额奖学金，以及纽约州立大学水牛城分校英语教育专业的录取通知。

莫天池从小坐在轮椅上，生活不能自理，以高度的自律完成了高难度的学业，为人生的头衔灌满了荣耀。

在社会上，想到残疾人，难免会莫名冒出两个字"同情"，其实人不需要同情，只需要被肯定。

他们有理想，还能坚持完成自己的理想，像莫天池一样，一路专注走来，披荆斩棘，拥有属于自己的别样人生。

人生虽苦，但他依旧活得热气腾腾。他也可以笑着说：不用担心，我挺好。

人生百态，各有各的活法，最主要的是要活得坚强，坚强的同时附带着开心。

　　我们楼下有个修锁的师傅，姓刘，58 岁，离婚，独居，唯一的一个女儿跟了前妻。

　　独居老人没有你们想的那么颓废，刘师傅实际 58 岁，看着也就 45 岁，他每天健身锻炼。清晨 6 点起床跑 1 小时步，开始一天的工作。日落下山，工作一天后，他打点好自己的晚餐，去江边锻炼 1 小时，再打上 1 小时太极，神清气爽地回来，逢人就笑脸相迎。

　　我每次见到他，都能被他的快乐所感染。我，一个 27 岁的姑娘；他，一个 58 岁的老叔叔，我们聊起天来毫不费力。

　　这个"暮年老人"，没有想象中那么凄惨，只要你乐观地去生活，芬芳自然会盛开。

　　我能想象到的最热气腾腾的活法，就是无论我身处何种境地，我都有能力让自己开心。

　　前段时间，去拜访了很久未见的英语老师。老师其实很不容易，她是丁克家庭，跟丈夫长期两地分居，时间久了，感情就淡了，常年一个人生活。

　　一个 40 多岁的中年女人，说到底，也是要为自己做打算的，要么重新找个人生活，要么存点钱。可这两样都没有，遇不见合适的，她宁愿跟学生书本一起生活。至于钱，她一丁点儿也没存，每月发了工资，仅仅留下伙食费，其他的全部捐给了孤儿院。

　　我问老师：您觉得活得辛苦吗？她笑笑，说不苦，把每一天用心来欢喜，不会觉得劳苦。

　　老师虽然一人独居，但家里收拾得一尘不染，墙壁上挂着精致的画，充满了生活的气息。

最后从老师家离开的时候，她送了我一句话：好好努力，好好生活。我用力点头。

人生实苦，但有些活法，真的跟名誉金钱没有多大的关系，穷苦困惑左右不了你，最主要的是自己中意哪种活法。人生没有那么多限制和讲究的，你也不用在意太多东西，在意不过来的。

我有一个小学同学，命运多舛可以用在她身上。

小学六年级，我第一次见她，她跟所有人都不同，脑袋是倾斜的。也许是出生就那样，也许是病症所致。

小孩不懂事，经常会有人笑话她，问她是不是被怪兽打了，所以歪了脖子。每次她也不生气，淡淡的。

后来她跟我说，是因为生了病，家里没钱治，导致那样了。我问她埋怨父母吗，她摇头，说不怪，他们也很辛苦。

最后见到她那次，是 3 年前，脑袋依旧是歪斜的，但嘴上总是挂着微笑。得知她也过得挺好的，嫁了老实本分的人，生了两个儿子。据说生头胎的时候，历经了生命磨难。

不过现在的她，跟小时候一样，淡淡的笑容，不同的是对人生多了一份期待。

那时我在小学同学身上学到的一堂课就是：苦一点没关系，我有扭转苦的能力。

人生确实有时不尽如人意了些，不会处处都那么周到。

都说没有十全十美的人，也没有十全十美的人生，总是会有很多缺陷，很多不完美。

　　例如你很努力，赚了很多钱，但依旧买不起上百万的豪车；你辛辛苦苦建筑起来的围城，不知道什么时候说倒就倒……

　　人生不如意事十之八九，不能什么事情都做得体面，既然如此，那不如不计较太多，热气腾腾地活，比什么都重要。

　　把自己认为对的事情，专注做好，用心发掘精彩，用力工作，你也可以成为一个金光闪闪的人，哪怕仍有遗憾，但至少自己能少一份愧疚感。

为了配得上更好的你

爱情面前，有些人真的可以为了那句"你很好，但我也不差"拼尽全力。

我的小表哥就是。

小表哥是个孤儿，因为爸妈早早就去世了，算得上是别人口中的苦命孩子了。每年过年，他都在我们、舅舅与小姨家里轮流过，因为没有去处。

他念完初中就没念书了，因为穷，也没有人重视他的教育。不到 15 岁，就成了社会里的一员，15 岁的年纪，不在课堂里学习各类书本的知识，而是在鱼龙混杂的社会上探索未来的生存法则。

于他来说，当然是悲哀但又无奈的，若不是前面没去处，后面无退路，但凡有选择的权利，没有任何一个人会走上一条迫不得已的路，谁都不想被命运随意宰割。

小表哥就以这样一个"一人吃饱全家不饿"的状态，过起了生活，没有读太多书，年纪小，也不懂什么大道理，能过一天就过一天。

他做过很多事情，当维修工、杀猪贩肉、帮人看超市、工地上打杂等一些边缘的活计他都干过。

　　稚嫩的脸上，经常蒙上一层灰，灰尘多了就用衣角擦一擦，接着干活。看他那么小就肩负那么重的担子，大家有点于心不忍，后来大家商议，还是要送他上学，不能让一个原本聪明的孩子，没落在尘世里过着一眼能看到头的日子。

　　可小表哥自己却拒绝了，自己漂了两年，那些学校里的一二三他已经不稀罕了，他说这样也挺好，都是一生嘛，反正我自己开心就行。家人不好多说什么，把叹息都藏在心底里，不放在脸上表露出来。

　　后来小表哥找女友，恋爱，结婚。小表嫂是小表哥在火车上遇见的，因为小表嫂的行李太沉，放在行李架上拿不下来，找小表哥帮忙，一来二去两人就熟了。

　　他们顺其自然地谈起了恋爱，不到1年就谈婚论嫁了，好在小表嫂没有嫌弃他是个孤儿，她说她的爸妈就是他的爸妈。

　　小表嫂对他挺好的，一点都不嫌弃小表哥没有房子、没有车子，还非常心疼他，经常做一些小举动来暖小表哥的心。一切看上去都挺顺利的，只是顺利并没有持续很长时间，仅仅是暂时的。

　　为了赚钱，为了以后小两口更好地生活，小表嫂南下去了大城市，小表哥劝不住，只得任由她去。起初小表嫂还经常跟小表哥电话联系，叮嘱他要按时吃饭，不要太劳累，累了她会心疼，等她赚够了钱就回来之类的话。

　　但到后来小表嫂电话不接，信息不回，人间蒸发了一般，隔了2个月时间，打回来一个电话，语气决绝，跟小表哥说她要离婚，不想再继续了。

那些话冷空气一般幽幽地传到小表哥耳朵里。

小表哥第一段婚姻于是终结在他 30 岁那年，哀而不伤。

后来不断有人给小表哥介绍对象，小表哥虽然没有特别出色的地方，但他面相清秀，还有最可贵的一个品质——善良且本分。

面对那些介绍的人，他都一一笑拒了，说人太多反而花了眼睛，不如让自己瞎打瞎撞吧。

离婚后的小表哥变得努力了，比以前更脏更累的活他都干，赚的钱第一时间存银行，留的一小部分孝敬给长辈。

遇到现在的表嫂那年，小表哥 32 岁。他们相同但也不同，相同的是他们都一样离过婚，不同的是，表嫂大学毕业且还有一份体面的工作。

表哥又喜又忧。喜的是，他真心喜欢小表嫂，小表嫂也喜欢他；忧的是怕自己配不上表嫂。

很多人都说，好的爱情、美满的婚姻从来都是势均力敌的，也许表哥知道这句话的道理，所以刚开始的时候他犹豫了。

寡言的他会跟我说他的心声：她那么好，我怕给不了她幸福。我问小表哥：你爱她吗？他说爱。爱不就得了，那就去争取啊。你都没做过任何争取，凭什么就要像个懦夫一样去放弃呢？

其实我知道小表哥担心什么，他担心自己过于低微，低微到尘埃里，他的力量太渺小，拢不住一切美好的事物。

可是一个人存活于世间，只要他去想，只要他敢做，并且能坚定自己内心的信念，就一定能做成。

32 岁的表哥忽然"开窍"了，不知道是爱情的魔力大，还是小表哥想一改以往的生活模式，他说他要花几年时间，考个文凭，内外提升一下自己。

对于我们来说，还是很讶异的，以为小表哥一生也就那样了，毕竟他 30 岁以前一直活得不温不火，也没指望他 30 岁以后能大放异彩。

为了能配得上小表嫂，他真的魔怔了，努力得让人心疼，既要学习又要工作，加上他的底子本来就很薄弱，学习起来比常人要费力很多，好在他有爱情的滋润，能让他有动力前进。

我知道他的，他骨子里并不是那么贪恋书本的知识，他只是为了能让自己离幸福近一点，他可以拼尽全力。

他的苦楚，没经历过的人不会懂得，3 年里没有一个夜晚的睡眠时间是超过 5 个小时的。日以继夜，用在他身上，不为过。

他读了专，读了本，拿到毕业证书那天，他抱着小表嫂哭了半天。他说他也可以做到，可以给她幸福，小表嫂当然相信。

每个人都有争取幸福的权利不是吗？只要自己不懒惰，想要的一切，都可以争取得来。

你很好，我也不差，在小表哥身上诠释得淋漓尽致。

一份好的爱情，可以使你进步，但是在遇见一份好的爱情前，你可以为自己补充各种能量，以便爱情来临时，你有力量可以镇得住。

小表哥应该得到所有人的祝福，包括上天对他的祝福，所以他以后一定会过得很幸福。

你不优秀，认识谁都没用

在"知乎"上看到一个问题，如何反驳"你不优秀，认识谁都没用"这句话的说法。

底下一堆留言，各不相同。看到这个问题，我也想说上几句。

提问的这个人，想必是对自己不够自信的人，如果够自信、够优秀或许不会问出这样的问题来。清楚地记得题主在最后还补充了一句话："难道不优秀的人就没有真心的朋友了吗？"这句话，足以看出来提问者的"功力"处在什么样的水平。

不优秀当然会有真心朋友，只是可能很难处到高层次的朋友，因为人的关系是对等的，所谓"物以类聚，人以群分"，也是这么来的。

朋友跟我说过一段话，我到现在都还很清晰地记得。他说："总是有人会在耳边传来一些消息，说我不近人情，没血没肉，当初在一起玩得那么好，现在说不玩就不玩了，连个面都碰不上。其实我很想告诉他们，哥一直在进步，你们一直在原地踏步，我们之间自然就会拉开距离。"

朋友虽然说得很现实，但这也是事实。也许你身边也有这种情况，你们曾经在一起玩得很好，但忽然有一天，就不怎么联系了。

从前一块儿吃喝玩乐，如今只变成了几句客套话，到最后连那几分客套也没有了，只剩下疏远，最后干脆不来往了。

打败你们的不是时间，而是距离，人与人水平之间的距离。

如果你没有达到一定的层次水平，即便你能接触到厉害的角色，你也会 Hold 不住的，聊天就能见分晓，你几斤几两对方能摸个底儿透。

就像曾经看到过的一个故事一样。

有个小伙子名牌大学毕业，进了一家外企，但因为时常偷懒，对待工作态度散漫，导致很长时间默默无闻。

因为懒，什么都不想付出，但又想获得一些什么，于是他走起了捷径，打起了歪主意，拍起了领导的马屁。

领导是什么人？不说见过千层浪，但用自己老到的"火眼金睛"辨别一个职场新人的那点眼力还是有的，他对这一切只是微笑不语。

但小伙子自以为受到了领导的"特殊关照"，对工作更加肆无忌惮地犯懒，依旧一点长进都没有，每日无所事事。

后来他们部门的一个主管被调离了原部门，空缺的位子需要有人顶上，他以为那个位子非他莫属，只差点没有提前跟朋友开香槟庆祝。

那种得意的笑脸，直到看到上级领导下发的刊职文书，上面并非他的名字而是别人时，才彻底地冷静了下来。

领导给足了他面子，没有当众讽刺他，而是私底下告诉他，要想往上走，就得凭真本事。

你不优秀，没有能力，你说的话再漂亮，你认识的人再牛气，恐怕也很抱歉，别人依旧一棍子就能把你打回原形，让你无法动弹。老实些吧，别一天到晚打着歪主意，脚踏实地最重要。

生活是现实的，人自然也是现实的，资源向来也都是对等的。没人愿意拿一个好苹果去换一个坏梨子，除非他们的关系很不一般。若放在明面上来说，在不熟悉的情况下，是没有人愿意这么去做的。

我有一个朋友，每每都喜欢在我们这个圈子里吹嘘自己认识多少牛人，有多少人脉，需要办事尽管找他，一个电话的事。

但事情真是这样吗？不是。他哪次都没帮人家办成过事。他一个电话拨过去，对方根本记不起他是谁，然后啪的一声挂掉电话，留他一个人愣在原地。

他确实通过不少社交场合认识了一些优秀的人，但那仅限于名片交流，根本没有进行过深层次对话，有的只是场面上简单的交流而已。

如果你足够牛气，足够厉害，别人怎么会记不住你呢？想必你一个眼神他们都知道你要干什么。

即便你在生活中，通过一些饭局，通过一些场合，朋友给你介绍认识了一堆牛人，你若没有真才实学，真的会被别人分分钟遗忘掉。

不说别的，仔细回头想想，高中三年，大学四年，昔日跟你一起称兄道弟，跟你一起谈天说地的人，时过境迁，都还在吗？别看了，也别骗自己了，最后留下来的，也不过是跟你实力相当的人。

记得看过一篇很现实的故事。

故事里的年轻人是位博士生，在获得博士学位前，根本就没有人主动找过他，人们像空气一样忽视他的存在。但他获得博士学位以后，主动找他的人络绎不绝。

他不禁无限感叹，人还是得优秀，优秀自然能吸引来另外一批优秀的人，让你未来的发展道路如虎添翼。

有一句话说得好，别一味追求人脉啊，有本事把自己变成人脉。在把自己变成人脉前，好好修炼技能，锤炼自己，不用着急去追求那些你现在 Hold 不住的东西，在稳中求快，总比在"幻境中虚无"要好。

不是豪门就把自己变成豪门，像李嘉诚那样；不是人脉就把自己变成人脉，像马云那样。

别人也不是与生俱来有这种本事，都是一条努力的路走到底，才变成今日的王。如果你努力，你也可以，不信你试试。

很累，但不敢停

深夜 12 点整，卡布给我打了一个电话，还没开口就开始哭，哭了足足 3 分钟才开始讲话。

她说她太累了，太委屈了，一股闷劲儿一直憋在心里，透不过气来。公司压力大，自己生活压力也大，实在找不到合适的人诉说，就给我打电话了。

我静静听她的宣泄，如若不是内心崩溃到一定程度，没有人愿意深夜打扰别人的，哪怕是很好的朋友。

我知道她的，她能不累吗？前 2 年替父母在老家买了一套养老房，自己也买了一套小二居，每月还款压力大，还有人情世故，自己的吃喝，哪里都需要花钱。

生活压力是一部分，还有工作压力。公司最近忽然辞职走了好几个人，核心工作都顶到了她的头上，重活都得她来扛，凌晨 2 点走出公司那扇玻璃门是常事。

早上不敢超过 8 点到公司，超过 8 点，意味着会推迟下班的点数，早晨地铁高峰期也会把她挤成"僵尸脸"，这些因素加在一起，都使她不能偷懒。

虽然别人老跟她说找个男朋友就好了，男友帮着一起负担一起还。但找一个合适的能嫁给爱情的男朋友是那么好碰的吗？不是那么容易的。也不能为了一点钱就把自己后半生的幸福都给搭进去，那样就太不值当了。

所以她一直在咬牙坚持，既然自己选择坚强顶起一片天，再难也要把苦咬碎吞下去。

在电话里大概宣泄了半个小时，她情绪渐渐稳定，说发泄完这一通就好多了，希望我不会介意。我说当然。

夜晚哭过之后，第二天她在职场依旧是那个风火干练，似乎从来都不会觉得累的人。

其实很多人的辛苦，都被自己掩藏得很好，笑脸示于人前，哭脸隐于身后。这就是成年人的世界。

前些日子，家里空调坏了，重新订购了一台。到了约定安装的日子，两个20多岁模样的安装师傅，拖着电器和工具上了门，一进门就开始用手臂擦汗，豆大的汗直往下掉。六月天，我在家里吹着空调，全然不知外面的温度已经达到了快40摄氏度，一道门一扇窗隔离了火炉天。

我给他们递了毛巾，他们说不用，别把毛巾擦脏了，用手抹一下就行，习惯了。

他们腿脚很麻利，做事灵活，一看就是从事这项工作很久了，或者每天都会出去安装很多台空调。

趁着他们干活期间，跟其中一个小哥聊家常，问他们每天大概能装多少台空调。小哥眼神专注地盯着墙面，声音从左边传递给我。

他说一天平均下来要装 10 多台，从河东跑到河西，几乎没有喘气的时候。最轻松的时候是坐在车里和乘坐电梯的时候，因为不用拿工具也不用干活，可以偷会儿懒。最不想去的是老城区的房子，因为没有电梯，有时候要背着沉重的东西，爬上七八楼。

记忆最深的是他有次感冒发烧，39 摄氏度，脑袋昏沉得不行，走几步都能倒下。但因为还有两台约定的空调要装，不敢躺下。用冷毛巾敷了敷，撑着出去了。那次回来他在床上躺了 3 天。

很多人问他为什么那么拼，他说人不努力，连生病的权利都没有。

我问他有没有委屈的时候，他说当然有。

例如跟客人说好的约定时间，他们到了指定的地点，但客人又告知有急事赶不回来，能不能改日。拿着电话说好也不是，说不好也不是，就那么站在那里，等着客人把电话挂掉。

这么折腾一趟就意味着要耽误一家的活儿，但也不能有太多怨言，顶多自己给自己发通牢骚，接着赶去下一家。

他说这个行业也是靠自律，想多赚钱就多去装几台空调，好的时候一个月能赚个 2 万多块，但没有周末。出门早，回家晚。我问他累了怎么办，他说不敢累，要存钱娶媳妇买房，还要孝敬父母。

装一台空调大概是 50 分钟，加上路上折腾的时间，一天十几台，也就意味着 10 多个小时都在外面奔波。夏天热，冬天冷。一年 365 天，除了春节那几天假，就是风雨也兼程了。

送他们走的时候，递给了他们两瓶水，他们连连道谢，就匆匆消失在了楼道里……

　　这可能也是所有年轻人的现状吧，不管处在什么行业，都一样辛苦，一样在为自己的幸福努力。

　　曾看到过一篇文章，文里揭露了各行业的辛苦和委屈，但每个人都同样在坚持着。于是也有了各种大不相同的宣泄方法。

　　有为了放松心情跑去厕所刷抖音，回来办公室继续改图的；

　　有为了缓解压力，把一首动感歌曲循环 100 多遍的；

　　有为了逃避生活，跑去酒吧买最贵的酒独饮一杯的；

　　……

　　各有各的心酸事，各有各的辛酸泪。总之回到最后还是两个字：生活。人都是这样，一边想退缩，一边想前进，每天左右脑挣扎，累啊，可生活还是得继续。

　　你们身边应该也有很多无可奈何的人吧？为了生活奔波忙碌，为了理想奋斗。

　　一天都不敢停，停下来怕下个月的房贷很可能交不上；怕孩子的学费又再出故障；怕这个月多送点份子钱，接下来的生活费就没有了着落……

　　但好在都有一副自我调节的好心态，那些经受过的委屈、劳累有时想想也算不得什么了。早就知道生活苦，既然苦，就不能不提前做好受苦的准备。只要你勇敢一点，生活再冷酷，都不能拿你怎么样。

我听过凌晨的脚步声

前一阵"凌晨"在朋友圈火爆刷屏。朋友圈里身处一线城市的人都没忘记围绕"凌晨"的话题说几句。

奋斗在"前线"，怎么可能没见过凌晨时分的夜晚？那似乎是不太可能的事，别忘了我们生活在一个怎样的年代，奋斗的年代啊。别说凌晨1点了，就是凌晨4点、5点，都见过的。其实这早就成了生活的常态，因为要吃要喝要赚钱。

在北京工作的那一阵，见过黑夜太多不同的模样，也听过夜晚不同的脚步声，那些夜归人真是各有各的无奈。

包括我的室友。

记得2015年的时候，租住在潘家园的一套老房子里，三室没有厅，厨房太久没人用蒙起了一层灰，厕所只占了巴掌大的面积，但也能如厕。这些都不是主要的，最主要的是我们的房间不隔音，全是打的隔断房，把一个人住着都有点小的15平方米，生生隔成了两间房，一间不到8平方米。

毫不夸张地说，就是放个屁你也能听得一清二楚，这才是真的叫要"小心翼翼"地生活。别问"既然这么糟糕，为什么还要住在这里"之类的话。你们自然懂，因为穷。

隔壁室友叫李宁，跟我是老乡，倒是能多几分亲切感，他在广告公司上班，加班是常事。

大概是因为年纪相仿，我们有聊不完的话题，无非就是生活工作之类的。工作上受委屈了，大家就像个朋友一样坐在一起相互宽慰开导，那大概也是无情的生活里上天给你的几分"有情"吧。

他在三里屯上班，离潘家园只有几站地铁，早晨去容易，但回来艰难，经常加班到凌晨1点，很容易错过末班车，时间久了他会心疼那几十块打车费，会在街边随便找辆扫码的自行车骑回家，起先骑得慢，时间一长，速度就提上来了。

因为睡眠轻，我听过他凌晨不同点数的脚步声，开门声，敲键盘声。

他在实习期，所以真的很卖命。白天在公司敲键盘改方案，晚上还会回来接着敲接着改，他也许害怕老板长了一双无形眼，躲在背后窥视他卖不卖力。为了得到那份工作，他拼得龇牙咧嘴。

不过好在他的努力得到了认可，公司在他实习结束的时候，奖励了他一台电子书阅读器，虽然是他烧掉无数个脑细胞换来的，但也值了。那也意味着他可以在毕业后，继续回来工作。

合租的那一年里，他几乎很少在凌晨前回家。我问他为什么要那么拼，他说他想留下，想留在北京，因为这里机会多，也能把梦想扩大。

后来因为工作地址的变动，我们几乎在同一时间打包离开，离别的那天，我们隔着墙，隔着门，唱起了许飞的那首《不说再见》。

其实我们都知道的，总要说再见的，为了拼各自的前程，我们都终究只是世间匆匆行走的过客。

在北京，像我们这样的人不少，为了省钱，宁愿自己过得憋屈一点，安慰自己拼一拼命等到涨了工资，换个好一点的环境，再接着拼命。

关于李宁，其实我很遗憾，因为我有一句话没有来得及告诉他：你的脚步声很动人，继续加油吧。

其实也就我能听见他的脚步声吧，别人谁会听得见呢，那只不过是众多北漂里最普通不过的脚步声罢了。即便如此，就连那最普通的脚步，都没有人愿意停下，因为停了，很有可能会面临失业，面临降薪水，面临交不上房租，面临吃不上饭……

后来在那里待得时间越长，就越能体会到生活对人的刻薄。要不断地用笑脸和耐心才能换来生活的一丝温柔。

可有些人啊，无论多难，永远都能笑脸相迎。例如于桐。

于桐是我的第二个室友。

她边工作边考研，周一到周五在公司里忙得晕头转向，周六、周日在培训机构里学得晕头转向。

单单一项工作就够累人的，就别再提那些难度大的学习了。她经常是一边崩溃完后，一边给自己一个笑脸，算是自我安慰吧。

有一次因为临时处理一件工作上的急事，晚到了学习的地方，结果被专业老师指责没有时间观念，耽误别人的工作时间。她鼻子一酸，其实她也挺委屈的啊，自己交了钱，到头来还被别人劈头盖脸地说一顿。

每次叫她出去逛个街，她都会拒绝，说她太忙了，实在是抽不开身，每次都是用"这次先欠着，下次再补回来"来搪塞。

　　你说生活公平吗？也不公平。她那么努力，可是考研成绩下来的时候，她榜上无名。

　　看到成绩单的时候，我安慰她，没事，看开点，成绩并不能代表你的能力。她把电脑关了把头扭向我：谁说我难过啦，我还要接着考。

　　以为她开玩笑，但她真的"二战"了。这次她更加卖力了，她说没考上，肯定是因为用功的程度不够，所以她必须努力点才行。

　　于是她每天晚上回来得更晚了，有时候我能听见她早晨回来开门的声音和轻细的脚步声。我睡醒，她夜归。谁都不知道她在魔鬼般的黑夜里，做着怎样的自我挣扎。

　　其实我一直都没忍心问她，她考研失败的那天晚上，是不是哭了。因为隔着房门，我听见了她高高低低的啜泣声，哭了整整3个小时。但后来一想，既然她不愿意把伤疤揭露出来，我又何必去当那个不识相的人，去问她是不是哭了。生活已经很艰难了，当然不能再去为难一个那么拼命努力的人。

　　没等到她"二战"的成绩，我们就分别了，但我知道这次的结果肯定是好的，因为命运不会辜负乐观又拼命的孩子啊。

　　其实我们都一样，生活不会让你那么轻松的，无论是哪座城市，你都要以各种姿态做好迎接凌晨的准备。

　　无论是李宁还是于桐抑或是自己，又或者是在很多个不知名的地方走着的夜归人，都是一样的：那就是除了奔跑之外，没有其他选择。

远离负能量的人

不是清高，不是高傲，更不是傲睨一世，但要远离那些负能量的人。负能量的人身上的坏情绪实在是太多了，多得要爆炸，既然会爆炸，还是远离一点好，不然拖累了自己。

负能量有多可怕？你会跟着负能量的人一起变"坏"，真的。他每天丧丧的，你的状态也一定好不到哪里去。毕竟物以类聚，人以群分。

不信就讲个真实的故事吧。

讲故事前，故事主人公再三叮嘱我把她的真实姓名给隐掉，不然她害羞，那就叫她不悔吧。

不悔念的是美术学校，高二以前成绩都还挺好的，文化课成绩一般，但专业课成绩很厉害。

高二那年，班上转学来了一个女生，分配在不悔的宿舍，跟她是上下铺。十几岁，是你给我一颗梨，我便能对你掏心掏肺的年纪。她们很快就熟络了起来，每天你等我、我等你一起去吃早餐，上早自习，下晚自习，像连体婴儿，寸步不离。

但正因如此，不悔也被带得越来越偏，以前从不逃课的不悔开始逃课，跟着她的室友每天泡网吧，泡一次被罚一次，但怎么都罚不老实。

不悔的成绩也一落千丈，以前专业课一节不落的她，不是迟到早退就是缺席，天天嚷着别人都听不懂的火星语，不悔怕是着魔了。

高二下学期那年，她做了一个重大的决定。其实那不叫重大决定，小孩子能知道什么重大不重大呢？过足了瘾再说！她宣布退学。

班主任吓坏了，赶紧一个电话就把不悔爸爸请来了学校，共同劝她，共同吓唬她，但最后软硬都不行。

不悔去意已决。

不悔去意已决是有原因的，因为她的小伙伴也不念了，要离开校园，要"远走高飞"。

所以1000头牛都没有把不悔拉住，她还是走了。走的那天同学们集体给她唱了一首周华健的《朋友》，班上每个人都在校门口拥抱了她，告诉不悔如果想回来了，就随时回来，母校的大门永远为她敞开。

她热泪盈眶。但她知道自己很有可能是一去不复返了，有些路，一旦走了，就很难再回头。不悔就那样提着行李箱背着书包走了，走的那天还挺潇洒的。

如果光是这样，也没什么值得说的。可不悔后来后悔啦！多年后的不悔自己想了想，如若不是碰见那个室友，或许她会在画室里好好画画，或许现在也考上了不错的美院。

虽然也许没有那个同学兼室友，不悔也会遇见别的人，带她做不同的事，但有些时候，有些人真的不要遇见为好。

虽然不悔现在过得也很好，但对那件事，她始终心存遗憾。她说室友当年的负能量爆棚，一点点把身上的坏情绪传递给她，她也跟着一起与好的东西决裂，去干干脆脆地拥抱那些她们以为好的东西。

当然，那次之后不悔学会了辨别周遭的人，看到那些正能量强的人她会主动靠近，那些负能量的人，只要他们一张口，她就会远离三尺。

其实她离开校园没多久后，就跟那个同学断了联系，之后再也没有联系，一直到现在。

那些负能量的人，总是让人心生厌恶，说到底，抱怨心太重，也没有反思自己的能力，满脑子的坏情绪，到最后变得让自己和别人越来越疏远。

鲁迅的笔下，祥林嫂就是负能量的代表人物。

祥林嫂是个典型的"悲剧"，她幽怨悲观，逢人就说自己的遭遇有多么悲惨，把别人当作一个情绪垃圾桶。这不但没有得到别人的同情，反而招来了他人的厌恶与排斥。

负能量是什么？你乐观上进，她悲观厌世；你不停进取，她原地退步。那样的人，能离多远就离多远，一点都不要吝啬自己的步伐。

前一段时间，我在微信上拉黑了一个认识不久的人。没有别的原因，她的负能量太大了，隔着朋友圈的屏幕都能让我厌烦。

不是今天埋怨这个，就是明天数落那个，如果是谁"得罪"

了她，她会发百字长文来大骂，把能想到的恶毒的词汇全用上。

她永远都是抱着痛恨的心情在厌恶这个社会，看得次数多了，好心情会被她影响，唯一能做的就是不声不响把她拉黑，把她丢进人生"垃圾桶"里，永不再见。只要是影响你心情，影响你进步的人，要一律毫不留情地说再见。

因为负能量会传染，为了自保，不得不出此下策，不然会被别人带跑偏，很难再回来。

关于正负能量，早前美国著名医生大卫·霍金斯博士做过上百万次实验案例，在全球调查过不同人种。最终得出的结论都是一致的，能量带给我们的影响是不可思议的。

所以生活中千万避免接触那些负能量的人，不要"一失足成千古恨"，让自己后悔。

别人要丧，就让他丧去吧，避而远之就行了，你不能改变他，但也千万不能让他改变你。

人生有主见，青春不迷茫

生活中我所见过的有主见的人，都过得比较幸福，因为他们不同于没主见的人，不会因为自己不知道干什么而苦恼。

没主见的人大多有一个特征，他们经常会说"不知道""差不多"这类的话，而有主见的人则是"我觉得""我以为""必须"之类的话。

我有个朋友，生来没主见。小到连一件衣服都需要别人帮忙做选择，去哪里旅行需要听取别人的意见，吃什么菜系也需要别人做主，考什么专业要听家人的安排。别人都替她累。

从小到大，她没一件自己能决策的事情，做事总是瞻前顾后，前怕狼后怕虎。很多事情她选择的都是别人中意的，而不是自己切身需要的。

她看见那些有主见的人，甚是钦佩，经常偷偷地跟我说，那些人好酷！我说你也可以的。然后她就一阵寂静。

我问她你想不想过得幸福一点，她说当然想。

"那你就慢慢变成一个有主见的人，往幸福靠拢。"

她问我，幸福和主见有什么关系。

我笑：当然，在你做出决策的时候，你会为自己果断的能力感到开心，你会欣喜于自己的有主见。倘若你一次选择都没为自己做过，那简直就是傀儡一般的人生，像机器人一般，别人指哪儿你指哪儿，这样的一生自然不值得过。

对一个从来没自己下决心做过任何事的人来说，当然也不会期望她能马上茅塞顿开，但还是希望能给她带去一点点启示。

当然，有主见的人自然是经过多方磨炼，才能变成果断的"独裁者"。

很早以前认识一个学弟，也是属于没有主见的人，从来没有自己果断做过一件事情。

那种被"操控"的日子，一直到大二那年他参加的一场辩论赛，作为持方，他必须坚守自己的"阵地"，不被"敌人"所攻破，必须坚持自己的辩论词，他也是第一次感受到了自我认同和反驳别人观点所折射出来的魅力。

从那次开始，他也渐渐质疑一些事情，会对别人说出来的话进行深度思考，过脑后会给出自己的见解，慢慢变成了一个有灵魂有思想有内核的人。

你若现在没有主见，也不用担心，可以让自己多去经历事情，从小事做起，渐渐培养自己"质疑"的心理，给出自己的意见，在事情中激发你潜在的"野心"，去与别人争辩、去与世界争辩一番的野心。

没有天生有主见的人，他只是比你经历得更多，受过的磨难更多，各种艰难曲折的磨炼，才让他慢慢有了主见。

有一段时期特别热衷看《奇葩说》，跟几个室友每天会在同一时间挤在一间小屋子里，看正反方各种互相攻击，时不时发表自己的意见，经常与室友争得面红耳赤。

但争论的永远只有我们三个。还有一个女生，从来只看不发表任何言论。问她为什么，她说正方辩论的时候觉得正方有理，反方辩论的时候觉得反方有理。所以看过好几季，她愣是全程不参与我们的"争霸赛"，小板凳搬起当个看官，哪边说得好就往哪边倒。

这就是典型的没主见，若有主见，她一定会带着自己的思想辩论一番，发表下自己的意见。

日常生活中她也不太有主见，所以好好的恋爱说分手就分手了。

她跟她男友在一起半年，什么事情都是男友规划，生活中任何事情，都要听她男友的安排。

他问：今天吃什么？她答：听你的。他问：周末去哪儿，有想去的地方吗？她答：听你的。他问：有想看的电影吗？她答：看你想看的就行。那句"听你的"成了她的口头禅。

忽然一日，男友一条短信飞过来：小洁，要不我们分手吧，我觉得我们不太合适。

也没跟她讲明任何理由，算是毫无征兆，前一天还送她回到楼底下相拥告别，第二天就说了分手。

看她那么伤心，我们都跑去追问男生，想要一个合理的解释。男生起先别扭了一阵，最后无奈地说他只想找个伴侣，不想找个小孩，大家平常都挺累的，还要花那么多时间去哄一个像"女儿"

的人，实在是无暇顾及了，还不如到此为止。

　　我们也哑然，不好说什么。只能回过头劝室友看开些。但即便如此，心里也会替她哀伤，毕竟主观上也不是她的错，那错的，又是什么呢？

　　虽然不是人人生而可以有主见，但是可以把自己磨炼得有主见，毕竟很多事情上，还是需要自己做主。就像朱元璋当初打江山的时候，很多人会给他意见，但最后拿主意的人还是他自己，要都听别人的自己不拿主意，估计也没明朝什么事了。

　　人生路上，也是一样。有主见的人，要比没主见的人通畅得多，不论现在你处在哪种状况下，都应该懂得为自己的人生争取点什么，改变点什么，一定不要做生活的"傀儡"，不然你会活得很难看。

每一次磨难，都是一笔财富

无意间看到一个视频，被视频里的内容所感动。

开头一幕就看得人很心酸，视频里一个没有双手的男子，用他的右脚小心翼翼地把牙膏挤到牙刷上，娴熟地用脚把牙刷送往嘴巴里。收拾妥当，然后把衣服用双脚叠得整整齐齐，放在背包里，利索地出门……

视频里的男子叫吴勇，是残疾人足球队的教练，他率领的融合足球队，曾获得过四川省特奥会亚军。那次比赛，是他人生辉煌的一笔。

但这个展示着他的威风，在足球场上腿脚如风一般，且神情充满自信的人，也历经过深深的绝望。

时光追溯到 20 年前，那时候的他，也是双手健全的人，因为一次意外，双手被截了肢。那段灰暗的岁月，极其难熬。绝望、自卑、灰暗、嘲笑都围绕着他，他感觉连抬头那么简单的动作，都异常困难。

好在那样的困境，只持续到 1998 年的世界杯。那次世界杯，所有人都说法国不会赢，而齐内丁·齐达内却实现了两个奇迹进球。隐隐地，他恍惚看见了某种神奇的力量，也正是因为这两个进球，改变了他，他整个后半生都发生了变化。

没有双手，他还有双脚，他忽然觉得自己还可以踢足球，足球可以证明自己不是"废物"。

从球员到教练，他付出了比常人更多的艰辛，也拥有比常人更坚定的毅力，足球场上的那个他，是闪闪发光的明星；生活里的他，也是个铁打的汉子。

没有谁天生勇敢，只是苦难来临时，你不得不乐观面对，因为你并没有退路，就像吴勇一样，没有双手，只能用双脚打天下。

磨难没有到来时，你也许永远都想象不到你有多坚强。人生在世，变化多端，不知道磨难困苦什么时候会突如其来出现，可不管何时来，你都要做好准备，有一副能对抗到底的勇气和决心。

只要想起磨难这两个字，我就会不自觉地想起我的好友王菜园，虽然我以前也写过他，但他是值得拿来写一千次一万次的，尤其是看到他现在越来越好的状态，我更加忍不住想把他作为成功熬过磨难的"英雄代表"。

没错，王菜园是 5 年前那个吃火锅时被重度烧伤的少年，一烧毁所有，包括他那时生活下去的勇气和要干一番事业的志气。

虽然脸没烧伤，但身上的大部分面积都没能幸免，他一开始整个人是丧的，进了几次手术室后，觉得既然死又死不了，那就还是干脆像以前那样好好活着吧。

我不知道那种黑暗的日子，他是怎么熬过来的，去医院看过他几次，每一次他都没露出悲伤不想活的那种丧气感来，就是微笑，淡淡地跟你说话，让你觉得他不是烧伤，就是一个小感冒，很快就好。

上一次见他是 2 个月前，在一个饭局上，他很友好地给了我一个拥抱。吃饭期间，他附耳跟我说：一晃眼咱们认识好几年了，那时真的是一无所有。

我明白他字句里的含意，隐约带着为自己自豪的一种骄傲感，不过那也是应该的。

事业蒸蒸日上，喜爱的音乐也在同时进行，想写的自传也正在筹备当中，里里外外，无不是他的精彩之处。

后来我问他：那次几乎灭顶的灾难有没有给你带来什么。他说当然有，更坚强了。他连生死都经历过了，往后再有什么风风雨雨，那都是小菜一碟了。

虽然没有人愿意经历这样的磨难，但磨难发生的时候，不是还要坚强地咬牙忍受吗？

这个世界上，并不是所有人都能熬过这样的大痛，有些人，你真的应该为他们的坚强和勇气鼓掌。

生活中，我们多少都会遇到各样的挫折，那些挫折或大或小，或长或短。而那些小挫折一点点侵蚀你内心的斗志，让你很难站起来。

或许你会因为被辞职劝退，好几个月没有勇气再海投简历；

或许你会因为房租到期，就生出逃避想滚回老家的想法；

或许你会因为考研失利，对自己的能力产生重大的怀疑；

或许你会因为找不到工作，对自己的未来毫无期待。

其实这些都只是小事，在当下，也许你会觉得那是天大的事情，但过了之后，会觉得也不过如此。既然知道事情迟早都会过去，不如静下心来把对待事情的勇敢度提高一点。

听说过阿道夫的故事吗？

这个从小就经历挫折的男孩，因为坚强与努力，华丽地完成了人生逆袭。

他从小就噩运连连，吞过缝衣针，误食过硫酸，被砖块砸破过头，更是不幸从楼上跌落过。长大后，也不过是一个普普通通的木匠，并且在那个行业一待就是 9 年。

他一直有一个音乐梦，发明一件优雅动人的乐器，为此他一直练习。可哪有那么轻松就能把梦想变成现实的事情呢？道路艰难，困难重重。一开始他发明的乐器，根本没人听，无人问津。

但因为自己够执着，够努力，最终还是赢来了一次机会，一个作曲家为他争来的机会——巴黎音乐会的演出，并且还为他谱了曲。

惊险总是处处有，上天考验人也是随时随地的。阿道夫演出的那天，从马上摔了下来，乐器摔成两半，换成别人可能早就吓退了，但他抱着破碎的管子上了台，因为没有乐谱，就按自己独特的方法吹出来，别人不但没有嫌弃，反而大喜，他们觉得阿道夫吹出来的音乐太动人了。

你看吧，磨难面前，你不畏缩，上帝都要后退三分。

有人说苦难就是苦难，它不是财富。但是当苦难已经发生时，你只有虔诚地去接受，像认真接受洗礼一样去接受它包容它，最后融化它，不然除此之外你也别无选择。

不要把磨难想得那么可怕，它只是人生的小插曲，你正面接受它，它会给你带去不一样的惊喜，你躲避它，它反而会给你带来更多的麻烦。

Part 3

改变，从现在开始

生活不能等待别人来安排，要自己去争取和奋斗，而不论其结果是喜是悲，但可以慰藉的是，你总不枉在这世界上活了一场。有了这样的认识，你就会珍重生活，而不会玩世不恭；同时，也会给人自身注入一种强大的内在力量。

——《平凡的世界》

想改变，哪一天都不算晚

只要自己想改变，哪一天都是你新的征程和起点。

敬一丹曾在一篇文章里写过她自己的经历，本科毕业后，她准备考取本校研究生，但考了两次都没有考上，正当想放弃时，她的母亲站出来给了她一颗定心丸："人的命运掌握在自己手里，真要想改变自己，什么时候都不晚。"

正是那句"什么时候都不晚"，让她第三次勇敢地踏进考场，在 30 岁那年成为北京广播学院的研究生。

只要去做，无论什么时候，都是对的时间。你不要害怕时间的早晚，勇气就是你的盔甲。

正如作家余华在牙医馆做了 5 年的牙医，半道忽然跳入写作行业开始写作，从此写作之路无人可挡，一发而不可收，写出了很多影响力很大的作品。谁说写作就一定要从娃娃抓起了？要想写，什么时候开始都不迟。

也正如摩西奶奶，70 多岁才开始学画画，也没有声音在她耳边跟她说：你快别画啦，到一大把年纪两眼昏花了，你还能画什么画。

自己决定的事情，轮不到别人说三道四，专心致志一日一画，画自己的农场和生活，把自己从一个普通的农妇画成一个小有名气的画家。

是啊，只要想开始，想改变，什么时候，都不会晚的。见过太多的例子，都是走着走着，就走上了"正路"。

例如：

唐纳德·费雪，年近40岁创立GAP，在此前他没有任何零售业的经验，堪称一张白纸，却因为信念与坚持，让GAP成为世界上最大的连锁时尚服饰品牌。如今，无论在哪家商场，都能看见那几个鲜艳的英文字母。

例如：

哈兰德·桑德斯肯德基爷爷，青年时做过很多工作，消防员、轮船驾驶员、保险经纪，还曾经在古巴当过兵，62岁才开始创立肯德基，让自己因为肯德基而"流芳百世"。

例如：

哈里·伯恩斯坦，因为一本个人回忆录《看不见的墙：打破隔阂的爱情故事》，而被大众熟知，在这之前，他一直是一个默默无闻的作家。而此时他的年纪，也已96岁。

……

你也是一样，你不用担心你的年纪是不是足够年轻，也不要担心运气是不是足够好，更不用担心一切都来不来得及。这些都不是阻挡你前进的借口。你若要问真的来得及吗？答案是一定来得及的，只要你愿意。

在这里，还想讲一个故事。

美国一位棒球明星，叫威廉，40岁时因体力不支，不得不退出体坛，另谋出路。

人到40岁，重新洗牌，重新开始，无疑是很残酷的。可是有些事情，就迫使你必须重新做出选择，没有任何商量，尤其在上帝面前，没有讨价还价的份儿。

经过深思熟虑，他选择去保险公司推销保险，他想，或许因为自己的名气，能赚到不错的报酬。

理想是丰满的，现实是骨感的。因为长年在棒球场上，练就了一副"冷若冰霜"的脸——他不会和善地微笑。保险公司的人事经理以这个缘由，将他拒之门外。

40岁的他，要重新练习怎么去微笑，怎么发出有感染力的笑容来。他没沮丧，收集了很多笑容可掬的照片，在自己的客厅里，一遍遍练习如何微笑。

有时候笑到嘴抽筋，半天都回不过神来，笑到邻居以为失业对他造成太大的打击，他已经变成疯子了。

但笑到最后，他成功了，他的"冰霜"笑成了冬日的阳光，让人温暖。他如愿以偿被保险公司录用，成为全美推销寿险的高手，年薪百万美元。

当然，并不是说他咧嘴一笑，就笑成了百万富翁，在这里，是想告诉你，一个人想改变的决心有多么重要。

如果当初他因为失业萎靡不振，就不会有今日的他。如果他有那些可怕的念头在脑海，例如："我都已经40了，我还能去干什么？"他也不会成功。

他有一句颇知名的话："人是可以自我完善的，关键在于你有没有热情。"

对自我的改变，关键看你的热情度能维持多久，3分钟？30分钟？总之看能不能帮你维持到你取得成功的那一刻。

回到你的现实生活中来看，也是一样，你有诸多苦恼，你有许多困惑，你有许多不确定。

你会想，本科念的专业很冷门，能不能跨专业考研？但如果跨专业考，会不会来得及？会不会考得上？会不会耽误其他更好的机会？于是你一边自我怀疑，一边期待满满。但最后都因为想得太多，做得太少，失去了那次改变的机会，始终没有勇气跨到你喜欢的专业上去。

你会想，年逾三十，越来越不满意目前的工作状态，如果换工作，来不来得及，会不会一个棒槌把你打回原地。你想改变，又踟蹰不前，惧怕风险，于是继续在那张破旧的凳子上，碌碌无为。

……

你想那么多，是因为你不相信自己，也害怕未知的风险，怕没有能力对它的后果负责，才会有那么多的疑惑和不安。

对于这些，可以理解。但不能理解的是，余生很长，为什么不愿意花上一点时间去改变一次呢？可能是那简单的一次，足以改变你的整个后半生。

你总是间断性努力，持续性一事无成

看到标题是不是有想进来看一下子的欲望？想看看自己是不是也是这样的人？或者看别人生活是怎么被别人拆穿的？嗯，无论哪种，都应该来看一看，看完之后就会知道要适当地收敛一下，把示于人前的假面收起来。

什么假面？做 3 分钟事先发个朋友圈表扬一下自己，漫无目的蹉跎到凌晨回家，拍个照片留念，配图文：愿所有的黑夜都能迎来黎明。经常把自己感动哭了，却没有感动上司分毫。

身边其实不少这类的人，总是表现得很努力，其实什么都没干成。朋友 Tina，就是这种。她给人透露的感觉就是四个字：非常努力。你看见她的背影，能感觉到的是这孩子是真的很上进。

在朋友圈里也总是能看见她积极的一面，去图书馆看书，去出差的飞机上利用空隙看书，凌晨半夜回家……

但这些都是"虚幻"的，"魅惑"人的。这当然不是她告诉我的，是我自己发现的。认识的时间长，必然能透过表面看本质。

有次她约我去图书馆看书，约定的时间是早上 9 点。为了占好位置，我提前半小时就到了，拿着自己带的书安静地看了起来，大概看完了两章，一直到接近中午时分她才过来。

这倒也没什么，难得的周末睡过头很正常。但接下来她的举动就有点意思了。这个姑娘拿出书本，工整地摆好在桌子中间，桌角的瓶子也扶好了位置，再拿出手机，找好角度，咔嚓了一张。拍照 5 分钟，修图 10 分钟。然后配图发了个朋友圈，叫我给她点赞……

我在那儿看到几点，她就拿着手机玩到几点，偶尔翻几页书瞄两眼，一点都不在看书的状态。这还是我当初的那个 Tina 吗？感觉变了个样，跟印象中的完全不一样。

其实呢也没有变，只是我发现了她另外的一面而已，那时我才知道，原来努力还可以秀的啊。

为了她的将来，我毫不客气地直接撕下她的面具，我说说好的看书你玩了一下午手机，你平常工作状态怎么样啊？

她倒没有不好意思，没把我当外人，说得比较痛快。她说也会加班，半年偶尔加三次。

半年三次加班，这样的工作在哪儿？我也想去。现在的公司能让你不用每天加班，就已经是对你最大的恩赐了，半年三次的地方，能不想挤破脑袋地进去吗？

难怪她在公司待了那么久一点进展都没有，光秀给别人看了，一年也就那么几次打了鸡血一样地工作，后面又变得懒里懒气了。有一种努力真的是叫"为别人努力"。

那些真正努力的人，他们的状态大家是看不见的，别人根本无法知道他们的行踪，因为实在是太忙了，没有闲工夫弄这个，更没有闲工夫秀给别人看。

有些人也不是不努力，只是他们把努力当成过家家，开心了就多忙一下，不开心了就找借口逃避，所以只是间断性努力，持续性什么都做不好。

有一句话说得好，要把努力变成日常化才行。三天打鱼两天晒网的模式，连个"渣儿"都捞不着。

那些努力不日常化的人，通常是嘴里嚷着要做什么，但吃顿饭吹顿牛就给抛在脑后了。真正努力的人，走在路上脑子里都会装着工作上的事儿。

例如我认识的一位歌者。

他是反串演员，专唱女生的歌，因为形象好，声线佳，请他做活动的人很多。一个月 30 天，他有 25 天都在赶场子，还有 5 天在家练习。

因为长年在外面跑，吃饭经常不规律，一个大男孩，身高 1 米 75，体重却不到 110 斤，风一刮，都担心他会被风顺走。

经常唱歌的人，对嗓子也有严格的要求，很多东西他不会去吃，以前喜欢抽烟也早就戒掉了，他对朋友宽容，对自己挑剔得可以算是鸡蛋里挑骨头了。

他说近几个月唯一休息的一次，是有一次太累，在高铁上睡着了，直接坐到了下一站。他索性就在那座城市待了 2 天，电话关机，什么都没想，什么都没做，那是唯一任性的一次了。

无论哪种商演他都不拒绝，露面次数多，名气也渐渐扩大，出场费越来越高。他说做那么多努力，牺牲掉这么多时间，只有看到那一沓沓厚厚的人民币才会有点安慰感。

因为唱女声，会被人恶意抨击，网上一些闲言碎语会传到他耳朵里。面对质疑讽刺他也没有退缩，他说早就在生活里练就了一身盔甲，没有那么容易被现实击败。

他说如果因为别人的嘲笑，就放弃自己多年的努力，那就太可笑了。不做妥协，不做让步，继续在舞台上雕琢自己，才是他长久要做的事。

努力的人，一直在努力，他不需要向谁证明他很努力，他的努力只需要对得起自己就行了，他无须给任何人"交差"。

毕竟人生是自己的，自己努力走出来的辉煌成就也只属于自己，糟蹋光阴变成一无是处的废柴也是自己。

我们的努力，只需要向自己证明，世界不稀罕你的那份证明，毕竟向它证明的人那么多，谁能有心顾及你呢。在成功前，收起"虚情假意"，好好去努力吧。

抽出时间，与自己对话

我们说过许许多多的话，习惯对各种各样的人说着大不相同的话。太多的话，记不得，也数不清。我们长久地与别人对话，却忽视了一点：极少与自己对话。

我们一天到晚忙得披头散发，到了半夜只想安安静静地玩会儿手机，刷刷朋友圈，跟朋友扯几句淡，抖音上看看好玩的视频，最后才恋恋不舍放下手机进入梦乡。一天 24 小时，就是没有一分时间是属于自己的，话里话外全在外面的世界。

人经常要做的，其实是与自己对话，揭开自己外壳的表面，与内心的深处对话。尤其是在遇到问题的时候，更应该找一处寂静之地，与灵魂来一场交谈之旅。

与别人对话，有必要，与自己对话，有必要吗？当然有必要。

曾看过一个故事。

张海与李维，在同一家公司任职同一个岗位，两个人很多地方都相似，例如起点、阅历、经验以及其他方面都相差无多。

但半年之后，李维被升为主管。所有人都在为他开心，只有张海在纳闷，为什么差不多的两个人，你却偏偏走了"狗屎运"，当了我的上司，我还在原地踏步？

凭什么？当然是凭李维的智慧。

虽然工作内容一样，但思想却各有差别。李维会在每天工作结束后，对自己进行全方位总结。不妥的地方，会告诉自己，哪里做得不够好，哪里需要改进。

如果是自己不对的地方，他一定会收起自己那颗执拗的心，只把坦诚的心露出来，竭力改正，严重的地方，甚至会拿笔记下。久而久之，他养成了良好的习惯，时常与自己对话。

而张海则恰恰相反，他下班的所有时间，宁愿跟朋友多喝两瓶啤酒，多吹几次牛，多睡几分钟觉，也不愿意把时间留给自己。所以他的前途也莫名其妙被自己忽视掉了，最可笑的是，最后他还不知道自己为什么比别人差。

与自己对话，不是自言自语，而是让自己更加深层次懂得自己，了解自己的需求，给予更好的解答。

写《变形计》的卡夫卡，最初写不出东西时，就经常与自己对话。

1910年初的几个月里，他说是他最难熬的时候，写不出东西，经常焦头烂额。

后来他学会了一招，与自己对话，而且他也坚信那种方式，一定可以给自己带来某种意义上的收获。他说：当我真的向我自己提问时，我还总是给予答复的，总有东西可以从我这个稻草堆中拍打出来。

可见独自对话的重要性。

村上春树跑步时，也是经常与自己对话，他说他的很多创意都是在跑步中思考得来的。

其实与自己对话没那么难，不过就是停下脚步，左心房问，右心房答。

把你晚上玩游戏的时间，节省点出来；

把你看韩剧刷抖音的时间，节省点出来；

把你逛街逛天涯逛知乎的时间，节省点出来；

……

充分利用时间，你或许也可以成为解决自己问题的专家。

你学会了与内心对话，自然很多事情都会迎刃而解。而不是出了事情，第一时间像个看不见的松鼠一样乱撞，也不会只想着逃避。

当然，对话也会遇到瓶颈，就跟写作或者学英语一样，自己抛出的问题，答不上来的时候，容易选择逃避，那个时候，更应该给予自己足够多的时间，就像谈恋爱一样，循序渐进，解决问题的本质。

其实除了作家喜欢与自己对话外，很多创业家企业家也是如此。

富兰克林特别喜欢问自己问题，早晚一问。

早晨问："我今天要做好哪件事？"晚上则问："我今天做好了什么事？"于是他比别人更成功，做事比别人更有效率。

成功者的思维，都是在好的习惯中诞生出来的。

知乎上有人问过一个问题，他说自己与自己对话正常吗？答案是当然正常。

这恰恰表明了他是一个自己能给自己解决问题的少年。当别人没有时间为他答疑解惑时，他就自己给自己解答，时间长了，养成了与自己对话，遇事从不逃避的习惯。

哈佛商学院教授吉诺曾做过一个研究：她要求她的员工下班之后，花 15 分钟回想当天所完成的工作。研究表明，比较于那些没有回想的员工，这些员工的工作绩效要高出 22.8%。

可见每天花时间与自己独处的重要性。

看到这里，我想你也应该迫不及待地抽点时间，与自己对话了吧。毕竟，出了问题依赖不了任何人，自己才是自己的"精神导师"。

百忍成精，掌控情绪

　　漫漫人生路，我们会遇见相同的或不同的人，经历着相同的或不同的事。有人的地方就有江湖，有江湖也就有了恩怨情仇。

　　大到生老病死，小到柴米油盐，谁不是在这尘世里边走着边承受着。在这纷繁的琐事中能走出一条阳光大道的，也许是能掌控自己情绪的人。因为善于控制情绪的人，才能掌控自己的人生。

　　自古以来，就有以忍为谋的人生策略。战败的勾践卧薪尝胆10年之久成就"三千越甲可吞吴"的气势；韩信的胯下之辱是大丈夫的能屈能伸；司马迁能忍官刑之极完成历史著作《史记》……在历史的长河中，这些人用自己的人生经历抒写了忍受屈辱成就大事的人生传奇。

　　如果这些历史人物当年选择一时冲动，也许是国破，也许是人亡，何来人生的大逆转？从历史的角度来看，忍有时也能成就人生的美丽。

　　而在余华的笔下，那个《活着》的主人公福贵更是用一生在忍耐。最初的他是纸醉金迷的贵家公子，挥霍完所有的家产之后便成了落魄的贫农。在命运的安排下，被拖上了战场死里逃生，回到家面对的却是儿子死在了献血的手术台上无处可申冤。

后来，渐渐过上好日子的女儿却难产而死，百里挑一的好女婿也在工作场上意外死去，他最疼爱的外孙被豆子噎死了。临老了，陪着他的只有一头老牛。福贵的这一生，命运是怎样地坎坷。在那一次又一次艰难的生存状态下，是选择活着还是死去？他也从无助、绝望，陷入深深的痛苦，可是他选择了活着，为活着本身而活着。

他忍受的是生活带给他的困难，正如《活着》中所言："活着是自己去感受活着的幸福与辛苦，无聊与平庸。"

生活中不如意之事十之八九，我们左右不了的是人生的变数，但我们能控制的是自己的情绪，是在这一个个的难关中如何让自己学会忍耐。

考试失败了，埋下头去继续积累，卷土重来；

爱情破碎了，不用撕破脸皮让彼此难堪，留下一个潇洒的背影；

工作中受委屈了，也无须争个面红耳赤，用自己的实力来让他人无话可说。忍得了一时的"落魄"，才能拥有令人钦佩的明天。

若因为他人背后的一声非议就惴惴不安，因为一时的失败而沉浸在无法抑制的悲伤中，或者因为一个意见的不合而彼此出手，影响的只能是自己的心情。

前几天，小伙伴去参加面试。在面试官中，有 位是他曾经的领导，但在原来的单位他们就彼此不合。所以在那一刻，小伙伴的情绪就基本崩溃了，无法集中精神完成自己的面试。

面试结束之后，他找到老同事的直接领导，并讲述了老同事在原来单位的种种不当之处，强调是因为老同事的存在影响了他面试的发挥。而结果自然就是小伙伴也没能成为这场面试的幸运儿。

不管老同事有没有放下他们之间的恩怨，但如果小伙伴能在面试中正常发挥，优秀到让人无话可说，也许就是不一样的结果。真正成就非凡人生的人定能忍他人所不能忍。

我曾经性子也很急，但每次急完就知道是自己错了。后来为了克服自己的情绪，让它不再"绑架"我，只要是想发脾气或者口不择言的时候，就想一想别的事情，转移一下注意力，等把那股子气消散了就慢慢变好了，久而久之倒也管用，不那么冲动了。

吃情绪上的亏是最没必要的，因为情绪是自己可以掌控的，不是别人操控的，只要稍微忍一忍就行了。

曾读过一篇小学生的阅读题，内容写的是一种依米花开放在非洲原野，开花后两天就会连茎枯萎。但是为了这一次的花开，它在贫瘠干枯的非洲土地上极力汲取水分，整整等待了6年。

这六年，对于依米花而言就是一场忍耐——干涸、贫瘠、漫长的等待！而在它开放的一瞬间，它绚烂了非洲大地，也让世人认清楚了它的真正面目。

那些美好的风景往往是在我们长久的忍耐之后才能欣赏到。在忍耐中我们能掌控自己的情绪，也就能左右自己的心情。

心情影响状态，状态影响发展，发展决定未来。若我们把自己的人生晴雨表握在自己的手中，那么就能画出人生的绚丽彩虹。

你不努力，没人给你想要的生活

经常听到的一句话就是，你看谁谁谁又买房了，谁谁谁又买车了，谁谁谁又升职了……

别人再富有，都是别人的。你看别人那么努力，你自己呢，努力了吗？

别人背新款包包，踩着相当于你一月工资的高跟鞋，一张远方的机票顶你半年生活费，羡慕得你连眼珠子都要掉出来了。

别做徒劳的举动了，那都是人家的，你艳羡不来的。除非你有足够的钱，能负担起你生活里的那些非刚需品。

如果你想要，你羡慕，你就奋起去追，把偷偷躲起来羡慕别人的时间，全部用在奋斗上。

面对那些奢华，你可能心里有点不服气，有点不平衡，为什么别人总是那么轻轻松松就得到了自己想要的一切，而自己，努力了半天，连人家的尾巴都没赶上。

其实你错了，别人也只是人后努力，才能在人前显贵而已。别人的努力，比你更深刻，你的努力，或许多半只是挠痒痒而已。

最近刷遍朋友圈的短视频看了吧？各大城市不一样的凌晨夜晚，大家在回复栏里，诉说自己的现状。他们都饱含热泪说自己是如何拼命，如何努力的。

凌晨 2 点，刚下班而已，忍着疲惫，忍着饥饿，忍着瞌睡，像个夜精灵一样，穿梭在城市的夜晚。最主要的是，凌晨下班，也不再是什么稀奇的事了，那只是一种常态，许多年轻人工作普遍的常态。

这样的常态，可能一开始就没有尽头。而你一天朝九晚五，舍不得加班，舍不得耐心多改一遍方案，为什么老天馈赠的礼物，非要落到你的头上呢？

留言区随便一条回复，都能戳你心窝窝：

"海外求学，每天兼职回来不会早于夜里 12 点，回来接着做教授布置的任务，随便一埋头，就是凌晨 4 点，这样的日子不是一天两天了，忍下去，总会看到头……"

"不知道为什么莫名其妙晕倒在房间里，只有我的猫知道，醒来之后爬上床睡一觉，第二天若无其事地去上班……"

"深夜加班了回来，隔壁的呼噜打得震天响，而我疲惫得已经没法去在意那个呼噜有多响了，只想抱着枕头睡觉……"

"连续 101 天加班到凌晨 2 点半，公司楼下那个烧烤摊的老板都认识我了，每天晚上经过，他都会喊一声：辛苦啦。其实我知道，他比我更辛苦……"

……

这简短的留言，其实是大部分人的现状。大家都是成年人，懂得小时候那套遇到问题就哭闹的把戏，已经没用了，只能靠自己才能撑起一片天了。

知乎上有一个问题：你做过最大的努力是什么？

有两个回答，我印象尤为深刻。

一个是高考和考研，几乎放弃了所有休息时间去拼命，去拼一份好前程。别人笑话他，再不休息就变成书呆子了。但他说变成呆子，也不能忘记自己想要的东西，就那么一股劲儿，磕出来了，磕上了清华。

第二个就有点心酸了，答主说他从来都没为任何事情努力过，就那么浑浑噩噩地一股脑儿过来了，有时候也觉得悲哀，尤其看着别人各种拼命的时候……

这两个答案，明显是努力与否的强烈对比，知道自己想要什么的人毫不含糊，不知道自己要什么的人，连努力是什么概念都变得异常模糊。

但世界从来是现实的，也是公平的，不会因为你可怜就多给你一点东西，生活像比赛，需要公平竞争，你付出得多，自然得到的就多。

你呢？说实话，有拼尽全力去做一件事吗？如果没有我建议你闭嘴，赶紧去为该做的事情付出 100% 的努力。

这样你才不会羡慕谁谁谁又买了新房，添了新车，因为只要你努力，那些也不过是水到渠成的东西而已。

回头看看自己已非少年，肩膀上的担子越来越重，不光是为了你自己活，还有你的父母，以及你的孩子，都等着你一句话：不用担心，一切都有我。

如果你什么都没有，你就只能望眼欲穿等着别人的救济，无法给你家人一份体面的生活。

其实看到这里，你会觉得所有的文章都是千篇一律，不过就是各种给你洗脑，告诉你，用功点，勤快点，努力点，未来才会好过一点。

但所有文章的出发点起码都是好的，最后也只不过是想告诉你，看完这篇文章，你真的要好好努力才行了，不然你就真的成了傻瓜了。

不要太闲，容易堕落

一个人太闲代表什么？没有理想，没有追求，没有实现目标的自我价值认同。空洞、虚无，胡思乱想，全会连成一气，把你变成一个十足的"废物"。

甚至被人看不起，被迫成为人类的"恐慌症患者"，因为你整日无所事事会令人避之不及。

同样，太闲也会让你丧失斗志，让你变得越来越懒惰。

有一个朋友，半年前辞职，说是很久没有出去看过世界了，必须放下手头的事，出去走一遭，看看远方，洗涤一下被工作麻醉已久的心灵。

这确实是一件好事，但他"一去不复返"，走了大半个中国，回来之后怎么也进入不到工作状态。于是自我麻痹，自我欺骗，告诉自己慢慢就会调整过来的。

但旅行回来后的 3 个月里，他依旧一点动作也没有，完全没有出去找工作的迹象，整日还沉浸在往日的悠闲中。

告别职场一日，技能就会退化一尺。他闲下来的那些日子，也并没有给自己充电，而是任由自己打各种游戏，美其名曰，放松心灵，放松身体。其实这种刻意的放松，反而是"谋害"了自己，好的休闲方式，都是劳逸结合的，不能过度疲惫，也不能过度放纵。任何东西一旦过度，只能适得其反。

大半年之后，他再度去找工作，发现自己与现实格格不入，不是工作不适合他，就是他不适合工作。

其实闲这种风气，是能传染人的。无论是个人，还是一群人，闲的风气弥漫开来，就会势不可当。

如果是个人，你越闲会越想闲，毫无理由，连你自己都说不出为什么。

如果是一群人，就好比在公司，如果你身边的同事，都是这样的"闲人"，你会受氛围的影响，你进步的空间也会变小。

闲，人渐渐会废掉，会变得麻木，会没有任何规划，更不用说对未来的美好憧憬了。

如果你也热衷看古代的宫廷戏，看多了你就会知道，后宫那些嫔妃，三天一小斗，五天一大斗，所有的心思都花在算计别人，怎么才能赢别人上。为什么？因为她们实在太闲了，皇帝不来找她们，她们就像无头苍蝇那样，失去了目标，不知道自己应该做什么，只好找点乐子打发一下那实在无聊的时间。

而人在那种"乌烟瘴气"的环境里，思想多半会被渐渐瓦解掉。如果人忙起来，精神会被那种忙碌但幸福的充足感填满。

跟朋友聊天，她问我最近过得如何，我说除了忙一点，其他都还好。她听了之后很羡慕，因为觉得我很充实，一天 24 小时，忙着自己喜欢做的事情，过得很有意义。她之所以羡慕，是因为她太闲了，没有一份正经的工作，也找不到其他的事情好做，闲慌了。

青春在闲暇中一点点荒废，是不值当的，是可怕的。

那种很闲的人，也并不是真闲，他没有做正事，但他可能去做了别的很多事情。

例如认识的一个大哥，他不咸不淡地对我说，他同时交往了十几个女人，每天的时间就是来哄各种女人开心。今天这个，明天那个，轮流着来，倒也挺自在快乐。

我问工作呢？他说前些年的积蓄够花好长一阵了。

我问那之后呢？他说那就到了那时再说……

简直就是极其不负责任的一段话，也是对自己人生不负责任的一段话。典型的"行乐须及春"，爽过了再说，之后，是生是死，是好是坏，那就到时再说吧。这样的人，大多是悲惨的。

萧伯纳说，真正的闲暇不是什么也不做，而是自由地做自己感兴趣的事情。

你要利用那份闲暇去创造，而非死命地去消耗，要利用闲暇的时光，去创造一番真正的事业出来，你在一件事情上花多少时间，它就会回报给你多少。

多数自由职业者，都是"闲暇"的，时间绝对充沛，灵魂相对自由。但这种闲暇，只针对自律的人才比较管用。对于不自律的人，闲暇就不能让你上进。当你足够自律，你的自由与闲暇才会显得很宝贵。

见过很多自由职业者，有小部分不自律的人，早上睡一觉起来时针已经指向了11点，吃个午饭睡个午觉，下午3点，磨叽一阵，下午6点，一晃眼晚饭时间到了，日出到日落，什么都没有干成。

但也不是所有自由职业者都是那样的，毕竟只是少数而已，多数人对自我还是非常苛刻的。

我身边有个签约写手，每天都是雷打不动早上6点起床，晚上11点睡觉，如果当日提早完成工作，留出空余的时间，他也绝不浪费，会构思明天文章的内容，其次会看看书。

长期下来，他养成了一种高度自律的习惯，他的进步大家有目共睹，仅仅2年的时间，就成为行业翘楚。

闲暇定终身，是不无道理的。赋闲的时间，完全决定你会成为一个什么样的人。

让人变好的过程，都不会太舒服

昨天，C 发了这样一条朋友圈，内容如下：

"2018 年 3 月 8 日至今的第一杯奶茶，因为某人的盛情实在难却。"

她自从减肥开始，已经将近 4 个月没有喝过奶茶。在减肥之前，她是一个每天不喝一杯奶茶就和没有喝水一样难受的人，对于茶颜悦色、澜记这些奶茶店，她就像家常店那么熟悉。

可自从感觉自己在变胖的路上一去不返，而影响到自己的身材及整体形象之后，C 就开始有节制地减肥。最开始的时候，那种喝不到奶茶的难受感一寸一寸地渗入她的心间，尤其是当她身边的人吃喝着一块儿的时候，她更是难以克制自己的行为。唯有用自己的意识说服自己，她才能坚持下去。

配合着自己的节食，C 还报了一个健身班。每天下班之后先去健身班报到，然后再回家享受吹空调、看电视的休闲时光。在以往，她下班基本就是刷手机、看电视的"葛优躺"。因为感觉一天的工作之后就可以这样"肆无忌惮"。但现在她会在健身房先进行半小时的无氧训练，再做几十分钟的慢跑，有时还会做一个舒缓的瑜伽。

在这样坚持了一段时间之后，C 在朋友圈里分享了自己的近照。没想到，有不少的评论都是在关注"她瘦了"这回事，这些评论让她拥有了更多的动力。

坚持了几个月的她，如今已经能穿着修身的长裙在夏天的街道拍各种美照。但对 C 来说，这个变化的过程只有自己才清楚流了多少汗水，克服了多少内心的挣扎。

很多人都有减肥的经历，这个过程的确让人不怎么舒服，因为一直在和自己的舒适区作对，中途放弃了的大有人在。可是，坚持下来的人往往能看到自己真正的蜕变。

不仅是减肥，每一个真正让人变好的选择其实都不会让人太舒服。

就像你明明知道学习英语是一件很困难的事，但是你可以选择早起背单词、利用边边角角的时间朗读，反复听着各种听力材料让自己的英语能力得到提升。

韩雪是娱乐圈有名的出身好，她有颜有才又有经济实力，但她却对所有人说，"我要更加努力"。我曾听过她的一段 TED 演讲，在演讲中她分享了自己学习英语的经验：

"念初中时就很喜欢英语，从上海戏剧学院毕业后忙着拍戏，英语几乎全丢了。大约是 2 年前，我想，还是要学好英语。于是我请了一个英语老师辅导我重新学英语。每天通过电话、语音、微信，用这样的方式，跟老师交流、学习。这 2 年里，我每天在拍戏的业余时间，花 2 到 4 个小时，把以前丢掉的英语捡回来了。"

在拍戏的业余时间花 2 到 4 个小时来学习英语，每天挤着碎片时间来学习需要很好的自制力，也要有一定的忍受力。即使她是具有一定光环的明星，可每一个成果的获得也是在背后默默地努力，她不过表现得更云淡风轻而已。

所以，别总是羡慕他人所拥有的改变，那些改变背后也许是你不曾见过的辛酸。

就像你明明知道想成为一名作家有很长的路要走，但只有那些能坐得了"冷板凳"的人才真正有属于自己的作品。

台湾作家林清玄出版过无数洗涤人心的散文之作，但作家的作品也不是凭空而来的。60岁的他要求自己每天坚持写3000字，这些文字不是为了发表，也不是为了分享，只是想让自己保持一种练笔的状态和工作的习惯。人到老年，本可选择安逸的生活，他却以这样的方式来延长自己有生命力的状态。

我们常常会听到有人怨命运的不公，有人羡慕他人的成就，可那些人并非坐享其成。他们只是选择了一条让自己远离舒适区，却越来越自如的奋斗之路。你选择的生活方式，有时可能会让你有短暂的痛苦，因为需要你付出时间及精力，甚至是内心的焦灼，但是时间会给你答案——那些你选择越过的高山最终都会带你看到真正的远方！

负重前行，蔑视压力

学妹要参加面试了，这已经是她毕业 4 年以来的第 N 场考试。

临考前，她给我发来短信："姐，今天模拟了面试。我明显感觉自己很不自信，张力不够。我努力地在思考，我如何表现自己的优点，可我觉得我找不出自己的优点。如果这一次结局依然一样，我怎么给家人交代？"

优点？毫无疑问她是有的。她是一个 25 岁的清纯的女孩，扎着一个活泼的马尾，笑起来的时候世界都随之而亮。更重要的是，她写一手好字，讲一口标准的普通话。这些都是成为一名小学老师非常重要的条件。

然而，她忽视了，忽视了这些显而易见的优点。

她记得的，是这些年考试带给她的挫败感。

这种挫败感，我一个朋友也有过。

毕业那年，朋友参加了 C 城各区各地的招考十余次。不是败在笔试，就是挂在面试。望着身边一同考试的朋友都有了自己的归宿，朋友心中涌起的想法足以把她淹死：

是不是我真的不行？其他人会怎么看我？是不是该换一条路走走？我到底适合什么？

······

和家人及朋友通电话或见面的时候，朋友总是不敢正视他们的关心。当他们那种期待的目光落在她的身上，然后以失望结束的那一刻，她仿佛掉入了自己挖掘的一个深渊。

然而，能怎么样？

除了爬起来解决面临的困顿，谁也不能为你开辟属于你的道路。

"不给自己留退路"，她在意识中反复提醒自己。

于是，她把自己关在家里，将经历过的每一场考试进行了细致的分析，运用 SWORT 分析法对自己进行了一个客观的解读。她制定了日常学习表，将每一个懒惰的或阻碍自己的习惯或劣势日复一日地克服。有多少晨起的努力，就有多少深夜的奋战。

第二年，她如愿以偿地去了她想到的地方。

在新的工作岗位上，她比任何人都更珍惜，比任何人都更投入。时间长了，她居然成了年轻人中的骨干力量，并能给他们进行相关培训。在提起她的名字时，几乎所有人都会以这种方式评价："她太适合干这个了。"

在那被挫败的曾经，她不会想过有这样的现在。但是现在的她，感谢没有放弃过的曾经。如果她沉溺在失败中，如果她不堪屡败的压力，如果她彻底否定了她自己，就不会有一道属于她自己的光。

读到女孩的短信，这些往事一瞬间涌上心头。她跟朋友有着同样的过往，所以我理解她的心理状态。一种是自我否定，一种是来自他人的眼光，让她裹足不前。我向她讲述了我朋友的经历，讲完之后她坦然了许多。

都会经历磨难的，成长路上谁又不曾负重前行呢？包括那些红透半边天的艺人也是一样。

例如赵丽颖。

赵丽颖无疑是这个时代热度最高的明星之一，从红遍大江南北的《花千骨》，到热播的《楚乔传》，她用自己的实力征服了观众。然而，赵丽颖出生于河北廊坊的一个贫困村，刚进入娱乐圈的她经常因为出身而被黑。与她同龄的演员相比，非科班出身的她被挖掘出诸多的"黑历史"。

她也在采访中坦言，以前会怕这个、怕那个，也会怀疑自己。最开始也会有迷茫，尤其是自己的努力没有得到肯定的时候。但她坚持选择用后天超出一般人的努力让"黑"她的人闭嘴，成为荧屏女王。

如果她否定自己，如果在意他人的眼光，如果她承受不住"拒之门外"，那后来，谁能想到她小小的身体里储存着大大的能量呢？谁能想到她能在一片质疑声中找到属于她的一席之地呢？

不是你不适合，也非是能力不行，不过是在某些时刻，你的状态或者你的运气不佳。生活会让你承受一些心理上的磨炼，所以，你能做的就是低下头，修炼自己。等待着有一天放下一切束缚，为目标搏一次。

压力不可怕，比压力可怕的是你没有动力。你要找到自己的动力点，去负重前行。

《孟子》说："天将降大任于斯人也，必先苦其心志，劳其筋骨，饿其体肤，空乏其身，行拂乱其所为也，所以动心忍性，增益其所不能。"相信未来的你，会感谢曾经坚持的自己；更相信在心灵的磨炼中，你会找到自己真正的位置！

Part 4

不负时光，不负自己

　　一万小时法则的关键在于：没有例外之人。没有人仅用 3000 小时就能达到世界级水准；7500 小时也不行；一定要 10000 小时——10 年，每天 3 小时——无论你是谁。

　　　　　　　　　　——《一万小时天才理论》

时间都去哪儿了

似乎没意识到，只是打了个盹，这一年就过去一大半了。朋友前天还在跟我感叹，时间太快了，像火箭一样，嗖的一声就跑没影了。

时间过得快也没什么，最可怕的是，流逝的那些时间里，你什么都没抓住，一事无成，一天到晚过得茫茫然，这就很糟糕了。

你什么都没做成，不证明别人也跟你一样蹉跎了时间。别人的半年可以做很多事情，多得让你想象不到。

钱多多就是这么一个人。

前些日子我跟他闲扯了好一会儿，聊现状。我跟他说，这一眨眼就2年不见了，时间太快了，他表示赞同。我们一起感慨，似乎前天我们还在一起吃馄饨，今天就一起老了好几岁。

我问他忙不忙，他说都是瞎忙。

一转眼几年没见了，我除了多长了一层皱纹，似乎啥也没长，钱包没鼓，经验没涨。以为他跟我一样，正好两个不得志的人在一起吐槽吐槽，"抱团取暖"，反正几年时间都白瞎了，也不在乎这一下。

话音刚落，就听"当"的一声，微信上传过来好几个短片，有 12 集，另外还有几本书籍的链接地址。

我问他干吗，他说是他这两年的作品。我扶了扶眼镜框，但还是没坐住。

"你不是瞎忙吗？瞎忙也能忙出这么多东西？"我问他。

他微笑脸发过来："瞎忙里偶尔带点正事。"

接着他又说了起来，其实也没有办法。刚买了房，买了车，娶了新媳妇，又生了个女儿，所有的担子一夜间都落在了自己的肩头上。

每天不是被梦想叫起来的，是被现实叫起来的。睁眼就是房贷、车贷、孩子的奶粉钱。

每个月过得飞快，一到了月底就毫无商量地给银行钱，给淘宝做奉献，还有其他花费。自己不努力点不行，不跟时间赛跑不行，不然自己就会被时间吞噬。只能赶着时间跑，我才能有点奔头。

为了多赶点进度，每天睡眠只有 4 个小时，白天犯困的时候就喝两罐红牛。

……

他说到最后，我都有点惭愧了。这嗑唠得我都有点不好意思了，如果不跟别人交流，我还以为大家都一样，都在蹉跎时光，其实人家都在暗地里发力，只是你自己像个白痴一样不知道而已。

我问他累不累，他说习惯了，累了就看看女儿照片，又能重新活过来。

2 年的时间里，他接了很多业务，只要能赚钱的，他都做，不管稿费多低，照样接。

最后他发了张照片过来，问我是不是苍老了很多，照片上的他确实略显疲惫，眼神都被柴米油盐侵蚀。但我还是忍不住回复他：你没老，照样可爱，是时间老了而已。

他笑着说谢谢。我说我也努力。

很多人，1年1年地任时间过，一事无成，事业没有起色，钱没有攒到，人脉也没有扩大，到头来只是一场空，说虚度就虚度。

当你不够珍惜时间，当你什么也没做成的时候，你最容易感叹，时间都去哪里了，还没好好享受就没有了。

时间哪儿也没去，它一直在，只是你没有好好珍惜它而已。如果你把每一天的时间安排得满满当当，你就不会再去无力地感叹了，因为时间都被你用在了正途上。

如果你没有规划，没有有目的地去做一件事情，时间自然被拖延得一塌糊涂，但如果你有规划有目的地去做事情，它的一切自然会井然有序，你也会感受到时间的魅力。

有些人1年的时间什么都做不了，而有些人则可以做很多事情。

我有一个学姐，她除了每天工作之外，还会在闲暇做很多有意义的事情。

她每天睡前的1个小时，都会读书。自学日语，学画画，学茶艺。每天规定几个小时的学习时间，那几个小时都是雷打不动的。不管是美食诱惑，还是娱乐诱惑，都不能转移她一颗坚定的心。

如果稍微长一点的假期，她会去远一点的地方旅行，把途中遇到的新鲜事，或一些感想集结成文，摄影的水平都是在旅行中历练出来的。

因为爱好多，又能把爱好精进，所以找她的人也越来越多。找她写专栏文的，找她画插画的，一起练习口语的，比比皆是。

她不断完善自己，也让原本枯燥的生活，变得越来越有意义起来。

相反回过头来看自己，除了麻木地工作，什么都不想做。回到家就想犯懒，给自己找各种借口，因为太累了，实在动不了，说好的加班，说好的看书，通通见鬼去了。

半年过去了，别人升职加薪你毫无进展。于是到处跟别人抱怨，时间去哪儿了，我什么都没做成，半年就晃没了。

时间都去哪里了？它被你的懒惰吃没了。

生命啊，确实短暂。时间啊，确实飞快。

怎么留住时间？引用这句话：你要想留住时间，唯一的方式就是把它变成珍贵的事物。

相信自己，你可以

知乎上有一个问题：有哪些你本来不相信自己可以，却因为自己努力而成功了的事情。

底下有条答案。

他说，刚毕业进入社会工作那会儿，经常从别人口中听说升职很艰难，如果没有关系，很难往上迈一步。他将信将疑。

于是抱着那样的心态，他进入了职场工作，工作一段时间后，确实证实了别人的说法。但他不同于常人的是，懂得自我调节和自我安慰：自己还年轻，不历练，怎么会轻易成功呢？后来，他也不会刻意在这个问题上纠结。

没有心理负担，反而变得更轻松了，在工作上，他变得更加投入，工作中积极解决问题，与别人的小摩擦不再那么计较，帮别人时也不遗余力。不知不觉中，工作能力上来了，人际关系也处理好了，工作中他变得快乐起来。

水到渠成之后，摆在他面前的就是晋升。那年夏天，他得到了去总部参加培训的机会，那次培训，是职场的中高层才有资格参加的。

他做得很好，不悲观也不丧气，循规蹈矩地过好每一天的生活，做好自己该做的事。如果只一味悲观厌世，他可能无法做到现在的样子。

我们可以不盲目自大，但也不能丧失对自己的信心，不然生活的精彩就不会向自己敲门。

说到自信这个话题，我不得不说正在上大一、读动物学的小表弟。

表弟以前成绩很差，也不爱学习，起码在我心里他是这样一个人。当初我还在想，这孩子高中以后怎么办，估计不是放弃上大学的机会，就是上三流大学了。

而且他也是一个看不出来有多大自信的孩子，每天蔫蔫的，一天到晚无精打采，看不到他对学习的激情，也看不到他对未来的渴望。

但出乎意料的是，他居然考上了黑龙江一所二本大学，这对于从来不爱学习的他来说，这成绩，已足够让我惊讶了。

后来有一次去他的城市出差，顺道看看他，他的样子也完全没有以前的那种"颓废"了，流露的全是自信，看上去就是一个阳光的青少年。

我问表弟，当初怎么"翻身把歌唱"的，他说其实也是高三的最后一年努的力，临近毕业，忽然一下意识到自己再不努力，很可能就与大学无缘了。加上自己喜爱小动物，就想报　门与各种动物有关的专业。

于是他摈弃了以前对自己的不自信，疯狂投入，不断告诉自己，他也不傻，只要努力一定可以的。虽然底子薄弱，但因为投入得很认真，尽了自己所能，最后上了自己心仪的学校。

你相信你自己，告诉你自己，你能，你就一定能的，不管你以前成绩有多差，只要在这一刻舍得吃苦，你就会扫清一切阴霾，为自己迎来一片光明。

前段时间看了一个短视频，视频讲述了一个失业女工经历人生低潮，因为自己内心的信念，成为一个自主创业的女强人的故事。

视频里的她一无学识，二无经历，下岗后只身来到大城市闯荡，一个人，一件行李，就来了。除此之外，她什么都没有。

虽然前路险阻，但她有顽强的毅力，她足够自信，可以跨越那道难以跨越的鸿沟。她积极向上，对未来心生希望，对自己充满信心，所以成功了。

当然，人要想做成事，除了对自己有信心之外，还要有一份可贵的坚持。坚持，是通往成功的必经之路。就像她片尾说的，这些年，一直磕磕绊绊，全靠自己的坚持，才有今日的成就。也幸得那份坚持，才能让一个下岗工人变成身家不菲的女老板。

很多时候，我们做不成事，是因为自己都不相信自己，自己对自己都产生质疑。过度不自信，就会丧失追求未来的勇气。

心理学家也说过："我们缺乏自信的根源，在于我们将构筑自信的权利放在了他人的手中，过度贪婪地依赖别人给予我们的认可。"

缺乏自信，意味着很多事情都不会去行动，不行动就没法成功。所以我们没必要把自信的抉择权利放到别人手中去，也不用依赖别人给予我们的认可，因为最需要给予你认可的人是自己，而非他人。

　　不自信的时候告诉自己，别人也没什么了不起，自己也没有那么废柴，只管去做就行了，一次没做成做第二次，人生本来就在于尝试嘛，反正又没人阻止，怕什么呢。

不负时光，不负自己

都知时间宝贵，但真正爱它的人少之又少。

其实，你们不知道，世界上唯一的公平就是，我们拥有一样的时间。所以，只有不负时光，才能对得起自己短暂的一生。

如何利用好时光？有人认为就是吃苦。对，就是吃苦，吃各种各样的苦。老天给你定好的磨难，都不能躲避掉。

别人都说要好好爱自己，其实你不知道，爱自己最好的方式就是爱自己的时间。就像那些你必须经历的苦，你都得老实地把它啃完。

例如学习里那些吃苦的必经之路，挑灯夜战看书，熬九年义务教育，熬高中3年，紧张激烈的高考考场，或者再考研，读博……每个人都要踏实经历一些必经之路，为取得好成绩，你要比别人多熬出更深一度的黑眼圈。

再例如工作中那些劳累，拖着疲惫的身子，双眼满布红红的血丝，加班到送走一个又一个同事，一直到深夜；为了学好英语，周末别人躺在床上睡大觉的时间，你必须第一个爬起来，赶去学英语课程，为了换取一份更好的事业。

不过话说回来，吃苦不是白吃的，要讲求等价交换，如果你付出的成本对你的事业毫无价值，那你标榜的痛苦也是分文不值的。

时间是自己的，只能靠你自己支配，把它用到值得的地方。

想讲一个关于《富春山居图》的故事。

提到这幅画，很多人都知道它是元代画家黄公望所作，但是你知道吗，黄公望画这幅画时已经是 80 多岁的老人了。

80 岁，意味着什么？用古人的话说，就是黄土已经快埋到腿上了。但是心态乐观的人，从来不会这么想。起码黄公望就是这么一个人。

没有格外顺畅的人生，坎坷是人一生的必经之路，对于黄公望来说，也是一样。他 45 岁，才当上了一名小小的书吏。

当上书吏，也并不是意味着日子一帆风顺，官没做几天，因为上司闹出了人命，他被一道牵连，也被抓进去吃了几年牢饭，出狱已经 50 岁了。

50 岁，在古代是人生暮年，换成别人，除了混吃等死，估计也不用做其他的事情。可他没有，他的人生盛宴刚刚开始。

一个想行动的人，什么时候开始行动都不会晚。也就在 50 岁那年，他决定画画。把周遭一切否定他的声音，都扼杀在空气里。

此后他花了 29 年的时间游历祖国山河，把美景尽收眼底。一边看世界，一边画世界。

80 岁那年，他正式画《富春山居图》。每天坐在一块石头上，望着对面的山河，专注到极致。4 年的时间，被后世称为"中国十大传世名画"之一的《富春山居图》全部完成。

不负光阴，不负自己，在他身上体现得淋漓尽致。

有句话说得很好，有些人 25 岁就死了，到 75 岁才埋；而有些人，75 岁才开始真正的人生。

人一生说长不长，说短不短，最主要的是能够把有限的时间，去做值得的事，永远不要给自己的人生设限。只要你想，你的一生就有无限种可能性。

我有一个朋友，他 45 岁才开始自学画画、摄影，很多人都说他"不务正业"，让他不要浪费时间。

干自己喜爱的事情，怎么会是浪费时间呢？他每天除了必要的工作之外，一定会抽出几小时来作画，雷打不动。一个没有底子的人，画出来的画，想必是不成形的，糟蹋别人眼睛的。

但是后来有一次去他家里做客，看到大堂里挂着的那幅画，看到右下角的署名，被惊到，因为实在是惊艳。虽然我对画作懂不了多少，但到底也能看出好赖来。

我问他，为什么要做这些。他说人生是黑白的，只是想在黑白色里，再添加一点彩色进来，让自己的人生尽量完整。

你想做的事情，除了自己压迫自己、恐吓自己之外，还有谁能打倒你啊？没有，你才是自己路上最大的绊脚石。

要想让自己变得有价值，要想让自己的生命变得绚丽多彩，就必须与时间赛跑，争分夺秒。光阴不过是弹指间的事，想珍惜它，就必须做有意义的事。才不会让自己暮年遗憾，在悔恨中度过。

拼搏路上，我们都一样

看过一则 4 分钟的小短片——《苍蝇一分钟的生命》。短片里的苍蝇，只有 1 分钟生命，很短，短到来不及去拥有自己的梦想，甚至连"挥霍青春"的时间都没有。

但不管如何，上帝给了这 1 分钟，就有 1 分钟的意义。它接到一张从天而降的任务清单，上面写满了它应该去做的事。

看着那只为任务清单飞来飞去的苍蝇，不免联想到我们的人生。我们的人生不都一样吗？

生而为人，注定要为自己的梦想奋斗，要追寻生命里更有价值的东西。那些奋斗过的，拼搏过的，总有一天会化成彩虹，明媚你的生命。

有些人出生口含金钥匙，有些人则来得"赤条条"，但前者毕竟只是少数，放眼望去，大部分都是第二种，赤条条地来，一切靠自己奋斗。

但即便如此，也不能去责怪家庭，因为活着就有自己奋斗的使命，有自己的意义。

例如电影《风雨哈佛路》的主角丽斯。

她出生在贫民窟，比一般家庭的孩子要惨得多，甚至没有一个正常的家庭，也得不到一份完整的爱。因为母亲吸毒，精神分裂，父亲也是一位瘾君子。

穷也就算了，家庭除了她没有一个正常人，她忍受的，自然也就比常人多许多。

一连串倒霉的事情，都发生在她身上。靠着低保度日，低保却被妈妈抢去吸毒。好不容易去学校上学，却时时被人欺负。

小小的年纪，承受的苦难多，成熟得自然更早。不是世界逼着自己进步，而是自己一定要逼着自己进步，她才能努力逆转自己的命运。

她为争取学习的机会，开始了漫长的求学征程，一边打工一边读书。你在她身上能看到的，全是励志的身影，再累也不能放弃。

家庭或许给你带不来财富，带不来人脉，唯一能带来的就是你的生命。但你有双手可以自己去创造财富，有思维可以自己去创造价值，这些都是你最宝贵的。

她用自己的努力，为自己铺垫余生的路，争取各类奖学金为自己支付学费，日夜努力，考取了哈佛，最后在纽约时报得到了一份体面的工作。

无论你出身多么贫穷，只要你努力，不体面也会变体面。出身贫穷没关系，只要志气不贫穷，你这一生都有得救。

电影之于我，是感动的。一个瘦弱的人，体内却有无限大的勇气，改写自己的命运。

没有什么是值得哀伤的，尤其是人生吃苦这件事。虽然不是苦吃得多你就得到的多，但有些苦你必须翻倍地吃，才能吃出那份甜味来。

　　换言之，如果别人活在这样的家庭，若是没有足够的勇气，多半是毁了。他的潜意识会认为，父亲是这样的人，母亲是这样的人，或许我也是这样的人了。

　　但懂得努力的人就不会这么认为，因为不服输，因为不认命，再苦再累也会扛下一片天，打下一片江山。

　　我们与丽斯相比，要幸运得多，起码有正常的双亲给予自己关爱，能享受到一定的温暖，只是其他外在的东西，需要自己去争取而已，但这已经足够幸运。

　　拼搏路上，我们都一样。

　　为求学，踏上征程，告别亲切的家乡；

　　为一份工作，颠沛流离；

　　为赶工作进度，披头散发，半条命丢在办公桌上；

　　为无缘无故的降薪，在人后崩溃大哭；

　　为忽然涨价的房租，不知所措；

　　……

　　生活就是迫不得已，不能讨价还价，我们一路挣扎一路成长，委屈多，欢笑少；愁容多，快乐少；离别多，欢聚少。

　　这是人生的真实写照，但也不得不为那份简短的快乐争取，不是吗？

　　曾在南方 39 摄氏度的高温天气，看到一位环卫工人，手上拿着扫把靠着一棵歪脖子树打瞌睡，40 岁左右，脸上的沧桑占据了整个面容。他是谁的父亲，又是谁的儿子，不得而知，但知道的是，他为了一份稳定的生活，在竭尽全力。

各个不同的面孔，各揣心事，相同的奋斗目标，也许是不一样的奋斗结局，但努力过了，生活就值得。

有次加班回来的路上，凌晨1点，大雨滂沱，看到烧烤店的夫妻在手忙脚乱地收拾摊子，焦急布满全身，因为雨太大，吃的人就会少。一个晚上赚不到钱，也许全家就要少几天的伙食费。

能看见妻子的眼神满是哀伤，似乎祈求老天把雨收一收，毫无征兆的雨，浇得他们措手不及。

同样在一条街上，手拿文件的白领，蹬着高跟鞋匆匆忙忙地坐上出租车。凌晨1点，不知道她是第几次，在同一时间出现在这里，还是每晚如此，为一个稳定的生活牺牲自己的黄金睡眠时间。

没有谁是例外的，你不必抱怨。累了就看看别人，是怎样坚持的。

你要知道，拼搏路上，我们都一样累，一样疲惫，又都一样坚持，一样可爱。我们没什么不同，世间走一趟，注定要劳累，只是希望，劳累的过程可以缩短一点。拼命的程度可以加大一点，也许幸福就能来得快一点。

别犹豫，喜欢就去争取

朋友喜欢周杰伦很多年了，一直想去看他的演唱会，去感受一下现场的震撼，但因为门票太贵，一张门票顶她好几个月生活费，她说吃不消，就每次作罢，只能拿个荧光棒，坐在电视机前看现场直播。

有次听说周杰伦又要开演唱会了，她忽然像变了一个人，在工作上疯狂了起来，平常每个周末都在家里悠闲的她，跑去当了钢琴外教，一天来回跑好几个地方去授课，经常半夜回家。

我问她发生了什么，突然变得这么卖力。她说她得去看周杰伦演唱会，多贵都得去看，没钱就去赚，迟到了这么多年已经是很对不起自己了，这次不能再错过。

我那会儿倒是有点佩服起她来，喜欢的东西可以通过自己的努力去追求，想要的东西自己买。

后来，她用自己兼职的钱，买了一张内场6000元的票，因为没有买到前排的票，只能通过黄牛天价买。平常吃顿快餐超过15元钱都心疼的她，付钱的时候眼睛都没眨一下。

她说人总要疯狂一次，执着一次，不然太对不起自己的人生了，后来想想也是这么回事，花自己的钱，做自己喜欢的事，爽！

自己喜欢的东西，无论多昂贵，都要去争取，莫留遗憾，才是最重要的。

昨天看到以前一个同事在朋友圈晒了一辆车，配文：终于等到你，还好我没放弃。

那位同事家境不怎么富裕，念大学的时候欠了不少钱，现在他一毕业，就成了家里的顶梁柱，重担都在他身上，但从来都没听到从他嘴里发出过抱怨声。

他很上进，也很好学，从来都是第一个到，最后一个离开。每次团建完大家都回家了，他还会特地去一趟公司，把当天欠缺的工作完成。

因为能力越来越出众，他也晋升得越来越快，后来跳了槽，去了更好的公司，工资也翻了好几番。

据说他把家里的外债都还完了，买了车也存了不少款。

说实话看到他发的朋友圈配图，挺开心的，那是他梦想已久的一辆车，是自己的汗水换来的，他有资格"炫富"。

人就是要有那种我喜欢我就要得到的心理，给自己一点底气，才能事半功倍。

你知道的，人活着总有七情六欲的，既有七情六欲，内心就会滋生出很多喜欢的想要的东西来，人、物品、事情或其他。

可这个世间残酷的是，你喜欢的，并不会让你那么轻易地得到，你只有通过自己的努力，才能把那一切得到，如果本事不够，对不起，那请你转身离开。

活着，谁不想过得好点呢？谁不喜欢风光的事业，漂亮的房子，拉风的车子，以及男神女神呢？有些人面对自己喜欢的东西，能拼尽全力去争取，但有些人，只能望而却步，因为连追求的那份勇气都没有。

无可厚非，喜欢的东西多，内心欲望就会膨胀，关键是要把那份欲望化成前进的动力。

自己喜欢的东西不去努力争取，都对不起自己的欲望。

表弟曾跟我说过他们同学的一个故事。

表弟念大三，文科生。他班有个同学，喜欢班里一个女生很长时间了，但是一直都没有勇气去表白。

他觉得女生太好看了，自己配不上她，不敢去追。你看她，貌美肤白又有才。你看他，又黑又瘦还有痘。

表弟怂恿他，喜欢就要勇敢说出来，不然错过终身幸福，一辈子遗憾。

同学虽然没有去表白，但表弟发现了他细微的变化。例如上课认真听讲，课后认真复习、预习，居然还背诵起了唐诗宋词。

每天在宿舍熄灯之后，他还会躲在被子里默念几句，早上起来继续默念几句，仿佛一晚上没睡觉似的，早晨6点，还是晚上睡觉前那副精神状态。

表弟暗地得知，其实他所做的一切，都是为了向女生靠拢。

他知道女生成绩好，喜欢有才华的人，为了能够离她近一点，他努力把自己变得优秀起来，就是为了与女生站在同一水平线上。只为了她说上联，他可以对出下联。她写诗，他可以作词。

每次上现代文学作品选修课时，他都主动举手作答，说出自己的见解，深度剖析文章后面的内容。

女生也渐渐注意到他了，跟他的交流也多了起来，话题也渐渐从探讨学习上到交流生活上。

他觉得时机差不多的时候，向她表了白，作了一首诗词送给她。他以为她会犹豫，但她几乎是"秒应"。她说他愿意，愿意做他的女朋友。

同学抱得美人归，表弟也挺替他开心的。能下苦功夫去追求一个自己心仪的女生，也能看出男生对女生的喜欢有多深沉了，这样的喜欢也可以称得上是浪漫的爱情了。

相对那些用各类奢侈品"轰炸"的人，与其那样，不如多花点心思投其所好，抱得美人归。

喜欢是一件多么简单的事情，但喜欢的更进一步是"得到"，得到是最难的，因为它要付出足够多的东西，才能换回你想要的。

不管喜欢的是什么，总之要付出相等的代价才行，没有白来的东西，所有的物品都事先标好了价码牌。

你要车要房要名誉，你就要不断地去付出。你一边想要，一边又不想付出，那就说明你的喜欢还不够透彻，说明欲望还不够强烈，它还没有推动你非要把它得到的能力。

如果一副爱要不要的样子，劝你干脆别要。

下一个路口见

曾经有一部台湾小清新爱情电影《我的少女时代》，唤起了无数人对曾经美好的青涩时光的回忆。

剧中男女主角许太宇和林真心都很幸运，因为兜兜转转之后，他们最后还能遇见。而事实上，离开了小学、初中、高中，我们青春时代的"林真心"和自己曾经的"徐太宇"却在后来都没有遇见过，匆匆告别之后，想再一次遇见已是遥遥无期。

当学生时代离我们远去，即使曾经的同学也很难会遇到，天南海北，再相聚实在太难，我们也只有抱着相册怀念了。

回忆那个青涩的校园时光，身边有许许多多再平凡不过的林真心，她们长相一般，学习一般，但依然每天准时上课认真听课，从来不敢翘课，她们看起来是那么平凡和一般，但每一个女生心中都拥有一颗少女心。

在那个时代，我们都曾是林真心，清纯的学生时代，都同样会犯傻，犯花痴，为了一件自以为天大的事不惜付出全部心思，但后来步入社会后发现那件最大的事只不过是一件温暖的小事，但那时就会怕天要塌下来。

听一首歌傻傻发呆，看一本小说浮想联翩，深夜里日记本上写着自己的小秘密，好闺蜜耳语悄悄话，然后一定要互相嘱咐一句，千万不要告诉别人。为了考试焦头烂额地背题，为了买一个歌手的限量 CD，省吃俭用 1 个月也要买到。偷偷地为了某个人默默付出，而对方全然不知，那都是最美好的青涩时光的回忆。

然而，即将告别时，走在青春旅途的十字路口上，我们都曾在青春里迷路，然后在逐渐成长的旅途上慢慢找回自己。

青春最美好的事就是一直在路上，我们为了想到达的彼岸马不停蹄地赶着路，为了新的征程努力拼搏。

其实不管是一份爱情、友情抑或一份事业，只要用心，下个路口都会相见的。

朋友阿亚，一个学习生物工程的本科生，后来因为热爱导演那个职业，大三的时候，向学院老师提出休学申请，跑去剧组当起了助理。那时她不到 20 岁，年纪虽轻，但梦想在她心中就像铁秤砣那样坚定。

因为热爱，就必须行动。她的一切闲暇，都奉献给了剧组。在剧组中不停锻炼，也让她对导演这个职业有了新的认识。

能从她眼睛里看出来，她是越来越投入了。修完本专业之后，她果断报考了导演专业的研究生。

毕业后她找了一份工作，边工作边学习，经常有一些好的剧组招人，她都会去。无论剧组工作多辛苦，她都不会流露出不满的态度，总是做到最细致。

在这个行业，她总是像打了鸡血一样，有用不完的劲。前一天夜里一两点停工，第二天为了要拍日出，4 点就要开工，她也是照常不误，她总是剧组里第一个出现的，制片人和导演都说她将来会熬出头的。

4年的时间，她从艺人助理，慢慢转向导演助理、执行制片、副导演……同时，她考上了不错的导演系专业研究生。

学业事业两兼顾。

如今的她，早已可以独立拍一些广告 MV 和网络剧了，她希望未来自己可以有机会独立创作剧本，自己拍自己的故事。

这一路走来吃了多少苦，只有她自己知道。有朋友劝她，一个女孩子就不要那么累了，早点成个家，过个稳定的日子算了，可是阿亚说："既然我选择了走这条路，就要走下去，即使这个路口没有看到曙光，还有下个路口！"

是啊，青春的延续，我认为就是勇敢地追梦，一直在路上，不惧任何困难，一定要坚持，阿亚始终坚持着她自己一直喜欢的导演之路，我们每个人都应该有一条自己一定要坚持下去的路，这样才会走得更加长远。

电影《教父》里曾说：第一步，要努力实现自我价值；第二步，要全力照顾好家人；第三步，要尽可能帮助善良的人；第四步，为族群发声；第五步，为国家争荣誉。事实上，前两步成功，人生已算得上圆满，做到第三步堪称伟大，而随意颠倒次序的那些人，一般不值得相信。

生活中，我们应该给自己一些积极的人设，活在积极的人设里，才会时刻提醒自己要努力，永远都不要放弃，只要坚定地走下去就好。我们在生活中，有了明确的人设，才能在一片模糊的面孔中为自己争取一席之地，也知道自己该发展的方向是什么。不要怕，即使这个路口，没有遇见，只要你坚持，下个路口总会遇见的。

来自陌生人的温暖

曾在抖音里看到一个小视频，30多摄氏度的高温天气，一个外卖小哥正在路边休息，一位年轻人假装水拧不开叫外卖小哥帮忙。小哥拧开之后递给他，他轻轻一笑，这是送给你喝的，辛苦了。

很温馨的一则短视频，底下获得无数赞。虽然是小小的举动，但对于外卖小哥来说，却是无比地温情。有一句话说得好，雪中送炭，总比锦上添花要好。

你的温暖，除了传递给家人以外，也需要传递给周遭的陌生人，让他们觉得世界不薄凉，人心暖如火。这样，既开心了别人其实也快乐了自己。

前两年一次下班回去的路上，下很大的雨，等了很久公车才来。上了车之后找了一个靠窗的位置坐下，刚想闭上眼睛发现了这么一幕：

坐在我对面的一个老奶奶，满手抱着一堆废品，脑袋低垂得像一棵熟透的稻草，一摇一晃地打着瞌睡。手上的废品被她呵护得像宝贝，两手拢在一起生怕它们掉下去。

我内心一酸，从皮夹里掏出 100 元，顾不得车身摇晃，偷偷地塞进她的废品袋……

现在回想起这件事，不是被自己感动，而是经常会想到那100 元钱，有没有因为我的不小心没塞好掉在路上了？还是老奶奶看见收起来为自己所用了？如果是后者，心里还有一丝安慰感，如果是前者，会有一点点遗憾。不过再仔细想想，既然都是自己的善心，无论结果如何，钱的温度都还是一样的。

除我之外，相信大家都是如此，看见那些素不相识的陌生人，如果他们境地困难，如果自己能帮忙，都会竭尽所能慷慨献出自己的爱心。

其实很多时候，也许你慷慨的那份温暖，别人没有马上回报给你，但你走到路转角，下一个人便会把他们的温暖传递到你身上。

记得有一次也是一个雨夜，因为雨下得急促我没有带伞，公交站牌并不能遮雨，等了将近半个小时的车依然没有来的迹象。雨哗啦啦地下着，手上的文件也没有遮挡物，正在焦急，一把雨伞遮在了我的头顶上，一双纤秀的手出现在我眼前。

那个姑娘就那么一直替我撑着伞，护送我上车才离开，为了替我挡雨，其实她已经错过了好几辆回家的车。

满眼的感激，上车之后回头对她说了声谢谢。她说不客气，应该的。

那个大雨夜，被姑娘的善举暖至全身，如若下次见不到，欠她的就回报在下一个需要帮助的人身上吧。

我们多多少少都曾温暖别人也被别人温暖，那些温暖都好比是冬日里手握奶茶的温度，也是料峭寒风里身裹毛衣的小庆幸。

关于那些温暖的瞬间，曾有人问过这样一个话题：有没有收到过来自陌生人的温暖。底下很多留言，其中一条足以让人流泪。

他换了新家，对新环境不是很熟悉，每天的温饱都是靠外卖解决。有一天晚上，忽然狂风暴雨，电闪雷鸣，城市有一种被雷劈开的感觉。他站在阳台上，看着外面，兴奋得像个小孩。

大概过了1个多小时，门铃响了起来，他跑去开门，是一个中年模样的大叔，全身湿透看不见一处干净的地方，大叔满脸歉意，说他来晚了，所以外卖来慢了点儿，希望他不会给差评。

大叔说完后小心翼翼地从怀里掏出外卖盒给他，那个外卖盒应该是大叔身上唯一没被雨水打湿的东西。

他被感动得不知所措，连忙跑去房里拿了一条干净的毛巾递给大叔，大叔向他深深鞠了一躬。他呆在那里，久久没有回过神来……

你温暖过谁，又曾被谁温暖呢？我们不断听到"谢谢"两个字，也不断对人说谢谢，也许"谢谢"这两个字，真可以称得上是世界上最动听的语言，所以很多时候，千万不要吝啬这两个字，他能让温暖过你的人，感到开心和幸福。

朋友也跟我说过一个暖心的故事，是关于她妈妈的故事。

她妈妈在北京一家家政公司当保姆。

第一次她妈妈出门去人家家里做家政，因为才去，对路不熟，也不会用智能手机，她妈妈拿着一张纸条上的地址不断询问别人，应该怎么走。

有一个小姑娘很善心地替她妈妈指了路，把她带到坐车地点，生怕她下错站，跟着她一起上了车，护送她到下车地点。这还没完，下了车之后，带着她一起过人行通道，走了 1 公里多，直到把她安全送到要去的地方。

那是 38 摄氏度的高温天，小姑娘就一直那么跟着她妈妈坐了十几站公交，走了 1 公里多的太阳路。她妈妈说，小姑娘走前，她抱了抱她，对她说谢谢，她说为了报答姑娘，以后要去给她免费做饭，小姑娘婉拒了。她妈妈感动得说除了流泪，她不知道还能做什么。

那是温暖的力量，不论相识还是不相识，善意的举动，总是能打动人心。世界虽然"尔虞我诈"，但人的内心深处，其实都住了一个小天使，来感动别人也被别人温暖。

只要你愿意抬头看，世界总是美好的。它永远祝福你，也永远祝福别人，只要你时刻充满善意，前行路上，就绝不会孤单。

不过将就的人生

多少人的幸福，葬送在将就上。有些人什么都可以将就，无底线地将就。

例如，时间来不及了，凑合吃一点吧；马上要出门了，随便套一件吧；懒得换工作了，混着日子凑合过吧；婚姻名存实亡了，为了孩子将就点吧……

说到底，就是能忍，但忍字头上还有一把"刀"，那把刀就是来斩断那些能将就的人的幸福的。

有一个闺蜜，认识一个男生，不到 3 个月就领证结婚了。这种对我们突如其来的惊吓，就相当于前一天还单身的她，第二天忽然宣布怀孕了一样，匆促，不可思议。

她说家里逼得紧，感觉他看着也还不错，将就一下算了。反正很多婚姻都是没有爱情的，能过日子就行了。

前 3 个月，丈夫对他确实好。嘘寒问暖，照顾有加，上下班接送，主动承包一切家务活。如果这种好，能一直持续下去，我们都会祝福她，但那种好，似乎是有"预谋"的。

生完孩子后，丈夫的脸说变就变，动不动就对她恶言相向，稍微不耐烦一点，就会拳脚相加，恶习渐渐显露。

我们劝闺蜜离婚，她说孩子小，不能刚生下来就没有爸爸。如果眼神能杀死人，我真是恨不得多使两个眼神，把她给"灭"了。

没有爱，在那种环境下，还有一个动不动就动暴力的丈夫，闺蜜无丝毫幸福可言。

痛了就告诉自己为了家庭忍，痛了就告诉自己为了孩子忍，但她就是不会告诉自己有些东西不能忍，毫无底线的忍耐和将就，只会让自己离幸福越来越远。

她以为丈夫会看在孩子的分上，对她好一点，但她忘记了，有些人的性格，就是可以嗜瘾成性的。

孩子3岁的时候，她鼓起勇气离了婚，离婚那天，跑去理发店把留了十几年的长发给剪了。她说，此后的人生，绝不能再将就。

将就是什么？是忍，是退让，但你的退让对方并非能懂得，反而会以为你好欺负，下场就是对方越来越肆意，你的结局越来越惨。

该谦让的谦让，不能让的退一步都不行，只要有了先例，后面无数个都会接踵而来。

有些人为了婚姻将就，有些人为了生活将就，有些人为了工作将就。幸福与否就在于有些人能将就，有些人决不将就。

闺蜜上周末约我出来喝咖啡，说她辞职了。我还挺讶异，做得好好的，怎么就辞职了呢？而且她单位各方面的福利都不错，年底双薪，带薪休假，五险一金，一年一次出国游。你能想象到的福利都有，最主要的是薪水还很高。

她喝了口咖啡，淡淡地说，忽然发现工作不是自己喜欢的，那种气氛她不喜欢，不想将就，也不想让自己过得不开心。一狠心，就辞了，辞了也就那么回事。

我倒是挺羡慕她的那种洒脱痛快劲儿，因为鲜少有人会做到她这样。为了那份工资，即便不喜欢，可能也会想尽一切办法"蔫"在那里，混了日子再说。

我说你会不会后悔，她说没什么好后悔的，有能力的人想必换到哪里都可以。

我欣赏她身上那种自信、洒脱的劲儿，她说得确实没错，不喜欢就走，决不将就，有能力换到哪里照样都可以，也许薪资不如以前高，福利不如以前好，但最重要的是，能换来自己的开心。

喜欢就坚定一点，不喜欢要果断一点。不将就，会让幸福离自己越来越近。

余生很短，为什么要委屈自己事事将就呢？生活可以亏欠你，但你不能将就生活，不然对不起的还是自己。

朋友小鱼说，30岁以前干什么都喜欢将就，吃饭将就，不喜欢的事情可以将就，恋爱将就，连交朋友也可以将就。

30岁以后，忽然什么都不想将就了，一眨眼过了30年，回过头来发现自己过得一点也不精致，活得倍儿粗糙。

他以前多将就?

他"将就"的人生大概从大学开始，家人替他报了大学要学的专业，哪怕自己不喜欢，家人说行，那便什么都行。后果就是学得很压抑，每节课都上得很吃力，但也没有办法。硬着头皮学下去，结果就是经常挂科。

当习惯成瘾，后来找工作，只要觉得公司凑合的就行，也不管是不是有发展前途，先去了再说。结果就是无精打采。

后来连恋爱也开始将就了起来，没有什么喜不喜欢的概念，只要是父母的"意中人"就行，结果就是不到 1 个月就各自天涯，性格死活磨合不过来，我看不惯你，你看不惯我。

……

这就有了他前面那番话，说实在不想将就了，该为自己的生活认真做打算了。他说现在他挺挑剔的，其实对于幸福而言，有时候挑剔一点没什么不好。

什么是将就?

你有能力赚 100 块钱，你可以吃 2 块钱的面包，你非要吃一块钱的馒头。

你有能力去寻找更好的工作，你非要在那乌烟瘴气的环境里，成天受气。

你明明能交往到更好的对象，你却要以时间的名义，来绑架自己的幸福。

你明明能穿得起更好的服饰，你非要穿过时的衣服，每天折磨自己的眼睛。

······

如果有能力，就不要犯懒，就不要将就，如果没能力，就要修炼自己的能力。将就的人生，幸福只会大打折扣。

Part 5

往前看，别害怕挑战

　　无论多么美好的体验都会成为过去，无论多么深切的悲哀也会落在昨天，一如时光的流逝毫不留情。生命就像是一个疗伤的过程，我们受伤，痊愈，再受伤，再痊愈。每一次的痊愈好像都是为了迎接下一次的受伤，或许总要彻彻底底地绝望一次，才能重新再活一次。

——《第七天》

不要安于现状

懂得很多道理，却依旧过不好这一生。为什么？因为"懂"和"做"是两码事，大道理都懂，就是不愿付诸行动。一边叫嚣着必须努力上进，一边混吃等死，还是喜欢安于现状，舒舒服服地待着。

这样的例子，看过太多。

上次跟一个好友聊天，她是长沙市某所小学的班主任，聊到多数老师的现状，她直摇头，说她所在的那个学校的老师，大多都没有上进心，没想过要再提升一步，总觉得拿着那点工资，享受寒暑两个假，就已经相当满足了，也不愿费劲地去做更多的事。

她之所以摇头，是因为她是不甘平庸的，学校的事情她总是抢着去做更多，努力评职称，让自己在这个位子通过努力，变得闪光一点。

前阵子去外地支教的教师名额，全校只有一个，因为对学校做的贡献多，毫无疑问她被顺利选上。名誉、上涨的工资以及更多的机会，也随之而来。

同样都是教师，都在一个职位，有些人总是能与你拉开一定的距离，渐渐变得让你遥不可及。

同学的表姐，在国企里工作，非常给家人长脸面，说出去都觉得脸上发光，那种光是抑制不住地四处"流窜"。因为不知从何时开始，长辈所认为的世界上最好的工作，就是体制内的、稳定的、后半辈子吃喝不用愁的工作。

于是表姐也很自然地觉得，自己的工作是很牛气的，不用像北上广那些奋斗的青年一样漂着，很有"安全感"。

真正好与坏，只有自己切身体会了才知道。在她工作后的 2 年，她就开始有点厌倦了工作的状态。死气沉沉、没有活力、戴着"面具"，很多人说是在工作，多数人都只是在混日子，没有长进，"丧"，整个人都是麻木的。

表姐想跳出来去新的工作环境，奋斗一番，也许能实现自己在工作中的价值。但通常是她话还没出口，就被家人堵了回去，每每都是这样，久而久之，她也不再去争取了。

于是按部就班地一待就是 7 年，年纪渐长，那份热情劲头也早已消失得干干净净，安逸成了习惯。

只不过每每听到周遭谁谁谁又升职加薪了多少，谁又创立了新的公司，她也会投来一份艳羡的目光。

国企工资很高吗？没有，不及别人的 1/3。好处就是一到过节那些"茶米油盐"会准发无误，假期少不了你 1 天，不会多留你加 1 小时班，你干不干活别人都是睁一只眼闭一只眼。

表姐之所以羡慕别人加薪了还是怎样，是因为靠她的死工资，别想过上太有品质的生活。

工资是有限的，欲望是无限的，但选择了安逸的人，没有资格有"野心"，不过大多也就是因为没野心，才会在舒适圈里不愿意跳出来。

选择安逸，就要付出相等的代价，这个代价或许是见识，或许是金钱，或许是其他。

你想追求品质，想变得不一样，就只能勇敢地往前跨一步。世界很大，努力向上的人很多，并不是只有你一个人在艰难地做着决定，其实你抬头看一看，还有千千万万的人跟你一样，所以你别觉得孤单，成长路上都一样。

不要太安逸，否则老来一定要为自己的行为买单的。

身边有一个很典型的例子，大概就是年轻时过于安逸了，老来遗憾不已。

朋友的爸爸，在一家亲戚的私人店面上班，在那里一待就是30 年，除了年纪涨了，其他什么都没涨。

因为不敢跳出那一步，做生意怕赔钱，去外地又担心不适应，顾虑太多，到最后一直窝在那个地方，浑浑噩噩，跟他一起的同龄人早就有了自己的事业，而他到头来依旧一无所有。

也不是说"一无所有"，他多了妻子的唠叨和埋怨，说他无能，不进取，几十年的光阴，混得一副惨淡的模样。

每日面对妻子的数落，这大概是安于现状最可悲的结果了。

谁不想安于现状呢？谁愿意每天早早起床，半夜才回家睡觉呢？若不是因为生活无情，我们都能离幸福近一点，就是因为生活太无情，你才必须竭力往前走，多去做些竭尽所能的事情感动它，它才能格外开恩赏赐你一些什么东西。

安于现状，想象永远都只会是想象，你现在也许可以毫无顾忌地放松地过着日子，但总有一天你一定会知道，现在的选择是错的。

安于现状有错吗？没错。只是每个人的选择不一样而已。但你还年轻，有热血，有灵魂，有思想，为什么要安于现状呢，你年轻，就该拼命折腾，毕竟，舒适就是留给死人的。

那些执意留在大城市奋斗的人，谁又不想安于现状呢，只不过是比那些安于现状的人更清楚地知道，现在的安逸，就是以后的末路。

乔布斯说，你不要安于现状，要奋起直追；库克说，你不要安于现状，要无所畏惧。

你啊，要永远不满足于现状，你才能越来越进步，越来越成功，越来越不平凡。

没有什么怀才不遇，只有不够努力

那天跟好友聊到"怀才不遇"这个话题，他给我讲了一个他身边人的故事，我印象深刻。

故事如下：

小伙子在一家公司从事新媒体写作，月薪不高，老觉得自己怀才不遇。还时常抱怨他们老板不是一个伯乐，发现不了他这匹千里马，不予以重用。也经常跟朋友吐槽别人的文章写成那样，居然篇篇有"10万加"的阅读量。

朋友安慰小伙子，让他别怨气那么重，要有真本事，就写出一篇文章来，随便投给某一个公众大号都行。

小伙子听后也觉得是这么回事，与其在这里各种受气，还不如化委屈为动力。于是准备大展拳脚，好好写上一篇文章，给他心仪的大号投去。

还没动笔写上几句，他就停顿了，他发现他经常"鄙视"的那些文章，他根本写不出来，不是分析能力不够强，结构有问题，就是语言组织能力不行。

他那时才意识到自己的问题所在，没有什么怀才不遇，只有自己不够努力。

其实很多时候，很多人都有一颗很大的心，觉得自己工作的小地方都容纳不下这颗心，阻止了他们的发展前途。可一旦有了机会，发现这颗心还是那么小，且沉，根本无法驾驭它。

与其一直抱怨，不如脚踏实地努力，多在当前的工作中打磨，不断去提高，当机会来临时，你才可以毫不费力地去抓住它。

有多少人又是这样呢？除了小伙以外，这样的例子不在少数。

我自己也应当算一个。

早几年前，我也认为我是个高水平的写手，每次跟别人都会吹嘘一下：我能驾驭多种风格的文字。

什么文字在我眼里，那都是小菜一碟啊。

我写公号文，写网文。那会儿觉得自己可了不起了，红起来那可能是分分钟的事，哪天那股运势的大风刮来了，我就火了。

然而不是，我的点击量少得可怜，都是个位数，最好的也只在两位数，阅读量惨不忍睹。

我万般惆怅都飘浮起来了，感叹命运对自己的不公平，凄凄惨惨地向友人诉说。

但友人简简单单一句话，比扇巴掌还疼，不过也点醒了我。他说，你多说无益，说白了就是你的文字还不够好，得不到别人的喜欢也很正常。如果你写得够好，一定会有人看的。

不再自欺欺人这句话，估计我是那时开始学会的。

后米再不敢有那种"轻浮"的想法了，始终对写作行业保持一种敬畏的心理，认认真真地、不急不躁地去对待每一个文字。

阅读量与留言越来越多的时候，进步是可以看得见的。那种怀才不遇的"委屈"状态也消失得干干净净了。

我们总喜欢把怀才不遇挂在嘴边，尤其在不如意的时候，说得更加欢乐，但你有没有想过自己的怀才不遇，其实是无才可遇呢。

你没才怎么去遇？这是一个难以让人接受的现实问题。

朋友小东研究生毕业后，进了一家金融公司，工作就是运营数据分析，相对来说比较轻松，有很多时间可供他自行浪费。

如果换作是一个聪明人，他会把那些空余的时间用在钻研上，多学一下公司其他板块的内容。

可他倒好，每天不是低头看手机，就是嘻嘻哈哈跟过路的同事打闹几句，迷迷糊糊一天就过去了。

关键是他丝毫意识不到自己的问题，还经常跟人抱怨老板不重视他，他也算名校研究生毕业，但根本就没人愿意教他，他学不到任何东西，有点大材小用的感觉。

不知怎的，这句话吹到了他老板耳边去，他老板毫不客气地送了他一句话：庙太小，容不下您，请走吧。

老板请他走的原因很简单。

他的本职工作都完成得不好，有那么多的时间也不努力进取，反而在怨天尤人，天天带着一股子幽怨气，试问哪个老板会喜欢这号人物？

有句话说得好，你觉得你自己怀才不遇，那你就用你的才华向世界证明你可以。别老一副屌丝的态度，做出一副可以逆转天下的局势来给人看笑话。

如果你现在也有怀才不遇的这种想法，我想你应该适当地端

正一下自己的态度了。如果一件事还没有成功，你应该想想，是
不是因为自己还不够努力？还未尽全力？而不是以一副上帝宠儿
的姿态，来责问这个世界，你为什么怀才不遇。

苦难很多，你要做好准备

《少有人走的路》开篇的第一句就是"人生是苦难的"。

的确，苦难就是人生的一场必修课。

在我尚青春的年纪里，曾经历过亲人的离世、高考的失利、
车祸的意外等。

爷爷过世的时候，我还在读小学五年级，但直到如今，我仍
然清楚地记得，我在他的房间里哭到发昏，那种痛仿佛把我的身
体掏空。

是谁说小小的年纪不懂什么是死亡？我知道，从那一刻起，
我将失去一个把我捧在手心里的人。他不会再在傍晚的时候坐在
门口等我回来，也不会再在他的厨房小灶上给我留我最爱的食物，
不会再拍着我的肩膀亲昵地呼唤着我的小名，不会再让我提着小
菜篮跟在他的身后去菜园摘菜……这些从此以后都是过去。原来
是多么快乐和温馨，如今就是怎样怀念和心痛，失去的就将是永
远地失去，而我却无能为力。

高考那一年，我同样地让自己陷入了痛苦中。原本是班级前三名的我却考出了班级十几名的成绩。高考成绩一出来，所有的老师以及我的爸妈都感觉到意外。

因为在他们的印象中，凡是考试我就没有出过大意外，甚至小意外也没有。然而，命运有的时候就是这样。在关键的时刻，它不仅不会眷顾你，而且会把你的好运气带走。

因为不想复读，最终我去了一个一般的本科学校。但是，那也成了爸妈心中最遗憾的事，更是我长期以来无法原谅自己的一个错误。

到了工作之后，一切还比较顺利。但谁知，意外总是在不经意间来临。

有次外出，没注意到右前方来车，司机似乎也没有看前方的路，当那辆车子从我脚上轧过去的时候，我感觉腿一阵阵地麻，然后就是钻心地疼。

后来的 3 个月时间，我只能靠着拐杖过日子。

因为不想让家里担心，我一个人偷偷地把这件事情处理了。

一个人躺在医院住了半个月，望着天花板无助；拄着拐杖打车上下班，扶着墙壁洗澡，搭着腿做饭；一个人拿着病历本，在医院各楼层单脚跳着复查；泪水就那么悄悄地流下来，就那么一刻觉得人生有时候真的挺无趣，你需要面对的苦往往胜过了你快乐的时刻。

这近 30 年的时间中遭遇的苦岂止是这些呢！不过是这些事情一旦想起的时候就会触动心里那根弦，让我回忆起那时那刻的感受。

然而，我清楚地意识到在这茫茫人海中，如今我依然健健康康地生活着，并能过着平凡的生活，这已经是生活给我最大的奖赏了，因为比我历经更多苦难的人，生活中比比皆是。

像与病魔苦苦做斗争而举全家之力全力救治的人；

像父母离异，从小在缺乏父爱和母爱的环境中成长的人；

像生活在边远地区，连基本的生活保障都有问题的人；

像一出生身体就有残缺的人；

……

哪一个不正经历着更深的磨难？哪一个不是正接受着命运不公平的馈赠又一边用尽全力在活着？这就是人生的一场修行。

我有一个朋友在非洲工作。他说因为恶劣的气候条件等因素，非洲人的平均寿命都很短。在他们那儿，经常有感染 HIV、死于疟疾和肺结核的人以及儿童夭折的现象。而有些地区，甚至还饱受战争之苦。在他们单位，非洲人的工资非常低，100 多元人民币就是一个月的工资，有些家庭还需要他们的食物补助。

然而，没想到的是，最近的一项调查显示，非洲人是世界上最乐观的人，人们对未来充满希望。是什么令悲惨的人如此乐观？可能是他们已经把苦难当成了一种习惯，也许是他们已经学会了如何与苦难相处，又或者他们清楚经历过的苦难都会成为未来的某种珍贵的东西。

有人说，人这一生应该有树的姿态。因为在烈日下，在冰雪中，树没有房子可以遮日御寒；在风暴中，在雷雨中，树不能拔腿就逃。树没有房子，没有腿，它们无法回避，无法逃离，它们只有独自承受，独自与苦难抗争，正是这种对苦难的承受和抗争，使它们变得更加坚忍和强大。这就是树能活上千年的原因。

只有接受生活中所有的苦难，我们才能在苦难中磨炼出一颗坚强、独立自主的心，才能在恶劣的环境中挺拔地生存下去。人生的苦难很多，但迎接人生的苦难就是我们人生一个重要的命题。

我们都在不断选择中前行

"生存还是毁灭，这是一个永恒的选择题，以至于到最后，我们成为什么样的人，可能不在于我们的能力，而在于我们的选择。"这是《朗读者》中关于"选择"这一部分的开场白。

的确，一种选择，一种命运。

西楚霸王选择乌江自刎，留下千年嗟叹；林则徐选择虎门销烟，唤醒国民意识；张自忠选择以身殉国，书写民族气概……

从古至今，既有"人生自古谁无死，留取丹心照汗青"的正义选择，也有"洛阳亲友如相问，一片冰心在玉壶"的初心选择。无论怎样选择，历史的车轮总在滚滚向前。但总有那么一些选择，让我们热泪盈眶。

2017 年，《感动中国》带我们认识了谢海华夫妇。谢芳因见义勇为身受重伤，落下残疾。复转军人谢海华经人介绍与谢芳结婚，近 28 年来，他充当妻子的手脚，照顾着她。

2018 年，纪录片《厉害了，我的国》带我们认识了"FAST"之父南仁东先生。这位全国乃至世界闻名的天文科学家放弃 300 倍的国外工资，为国家天文科学默默贡献了 22 年。

2018 年，一首《经典咏流传》的《苔》让我们走进了贵州乡村教师梁俊的生活。梁老师在两年的支教生涯中，为孩子们带来了 100 多首诗词，其中 50 首谱成曲，在大山里传唱。

……

他们中有人选择了伟大地奉献，有人选择了默默地付出，有人选择了长情地告白。这样的选择让他们成为平凡而又不平凡的人。但其实我们的人生，又何尝不是面临着一次又一次的选择呢？

出门了，我们要选择怎样的交通方式；吃饭了，我们要选择用什么来填满我们的胃；上学了，我们要选择读什么样的学校；就算是逛街，我们也要选择买什么样的衣服……选择无处不在，而怎么样的选择才是正确的呢？

曾经有一道非常有影响力的心理学测试题：拿出纸笔写出 4 个你最亲近的人的名字，然后慢慢地把一个个名字删去直到最后一个，而删去，无疑就是我们所理解的死亡。

在各种场合做这个测试题的时候，到最后现场都是泣不成声。每个人都是我们生命中最重要的陪伴，我们能选择把谁从我们的生命中带走呢？但，我们又不得不做出这样的选择。

因为人生有时真实地面对着必须的选择，就像那些一直没有远离我们话题的选择题："老婆和妈妈同时掉到水里，你先救哪一个？""爸爸妈妈离异了，你选择和谁一起生活？""遇到不平之事，你是见义勇为还是一走了之？"

鱼，我所欲也；熊掌，亦我所欲也。鱼与熊掌，不可得兼，选择有时候无所谓对错，它是一种无奈。在一张试卷上，有多选题也有单选题，单选题告诉你的就是你必须明白怎样选择。选了A，就意味着错过了B，而结果也有可能是错的。可这就是人生啊，我们不能预见未来，我们也不能左右有些客观的因素，我们只能遵从自己的内心去权衡比较，然后做出一个我们可能不会那么后悔的选择。

小毛中考结束之后能到县城最好的中学，但是以最普通的成绩入学；也可以读县城一所差一点的中学，学费能够全免。为了供小毛读书，小毛的父母长期进行体力劳动，小毛不想再加重父母的负担，并且在小毛的理解中，她认为只要自己拼命读书，怎样的环境中都能成就自己。

所以，她选择了较普通的那所中学。但是等小毛工作之后，她才真正明白读一所好的学校不仅是成绩更好，而是能遇见更多的良师益友，能让自己在眼界和思维上有所提升，这才是难能可贵的，因为它能影响自己的一生。而相反地，物质条件的艰辛可能只需要一时克服，但却能在后来弥补。如果能重回到那一时那一刻，她会毫不犹豫地走入最好的中学的大门。

可是，没有回头路可以走。

可是，在那个当下，她的那个选择也无可厚非。

　　这样的选择是一种错过，是一种遗憾。但她的人生还能继续选择，她能选择的是在当下的处境中积极地生活，在这条选择的路上她要尽可能地创造在那条路上不曾拥有过的风景。不是一个选择就能定终身，我们拥有继续选择的能力。

　　人的一生无数次站在十字路口，我们面临着太多的选择，向左走还是向右走都是由自己决定。

　　只要你在每一次面对选择的时候，慎重地做出了选择，那么结果如何你都可以自己承担。因为如果过于陷入每一个选择的对错，每一个选择的意义或价值，那么你的生活会非常疲累。选择你所爱的，爱你所选择的，一步一步坚定地走在路上，无悔于这一生就是最有意义的选择。

失去与失落，是人生常态

"世上只有一种英雄主义，就是在认清生活真相之后依然热爱生活。"这是罗曼·罗兰的至理名言。

而生活的真相是什么？我认为，其中之一便是失去与失落。

拥有了生命的那一刻，我们便开始失去自由；

拥有了绚丽的青春，也意味着失去了纯真的童年；

拥有了安逸的生活，我们也正在逐步走入老年……

……

对于孩提时代的我们而言，可能是同行的玩伴的失去；

对于青春时代的我们而言，可能是一份可贵的爱情的失去；

对于中年时代的我们而言，可能是挚爱的亲人的失去。

失去，一路相随。在失去中，伴着我们的无疑是一次又一次的失落。

在学生时代，我们曾信誓旦旦地许诺："等我们毕业了，我们就在一起！"

小 L 和小 M 就是一对在学生时代美好到让所有人羡慕的情侣。一个是学生会主席，一个是文学社社长，俩人的文艺爱情颇有一股民国风。他们曾看过长沙各个剧场的话剧，逛过长沙各个有特色的书店，品尝过各个有韵味的咖啡馆的咖啡，连学弟学妹一入学都能听说这一段爱情传奇。

故事的主人公，包括我们所有人，都坚定地相信他们会携手一生。

然而，毕业之后，小 M 考上了一个县城的公务员，小 L 在省会城市奋力争取一份教师编制。小 M 稳定的时间长了，结婚生子就成了必谈的话题。为了事业的发展，小 M 的家里为他安排了一个同样是公务员的女孩子相亲。虽然他有抗争，但终究敌不过家里的坚持。毕业 2 年之后，他俩以不愉快的方式分手了。

分手之后，小 L 以非常快的速度结婚，并在很长的一段时间都无法释怀这件事，甚至对爱情不再抱有任何的期待。

其实，以这种方式，失去美好爱情的才是现实生活的真实写照。

我的闺蜜和男友在一起 8 年，从高中到大学到工作，然而也是在工作稳定之后的第 2 年，两人以异地的形式，以工作发展的原因结束了 8 年的感情。他们彼此相爱吗？毋庸置疑，深深爱着！可是，这种爱而不得的爱情数不胜数。

我们每一个人的身边或许都有这样的例子，拥有美好青涩的校园爱情，却被现实击得一地粉碎，尽管我们内心是那么苦，但那就是我们当下的选择。如果坚持下去，只会彼此更难堪，何不保留体面的尊严呢？这是我们在现实中的拥有，也是我们在爱情中的失去。所以，常会有人说婚姻里我们选择的并非我们最爱的，却是我们最适合的，而那最爱的往往是珍藏在心中的。

而我们的工作呢？

热爱摄影的人可能最终选择了电子学；热爱音乐的可能最终开了饭馆；而热爱美食的人可能做了公务员……并非我们热爱的就是我们能选择的。

学生时代，我们都有过很多的梦。某同学喜欢音乐，暗地里收藏着偶像的各种卡带或者是资料，并攒钱买了吉他。有时会聚集一群好友来个小型个人演唱会，有时候会跑到某个小酒吧驻唱几首。他以为自己会有机会登上更大的舞台。然而事实上，毕业之后他面临的就是失业。音乐这条路能混下去是以生存下去为大前提的，所以他只能先选择生存。工作之后，他把更多的时间投入到了琐碎，那些能陪他一起实现梦想甚至交谈梦想的人几乎没有。至于他的梦想，未来能否还有机会重新拾起，谁又能确保呢？

大千世界有过梦想的人，能实现自己梦想的人都是幸运儿。多数的我们都是在现实中，先解决衣食住行等基本的生活条件，才能有心情来想自己的爱好。而到了那个时候，那些年轻时候的梦已经被现实磨去了棱角，我们早已忆不起当年的模样。

失去梦想，选择生存是大多数人必经的路。

所以，有些失去是人生的必修课。

那些我们笑着说会再见却几年或者几十年都没有再见的童年玩伴；那些因为读书或工作原因而没能常相聚在一起的亲人；那些我们说好了一辈子在一起却没在一起的人；那些我们争取过无数次也没能给予我们的机会；那些我们期待已久却成空的惊喜……那些在时光的河流里，我们点点滴滴的失去，让我们学着去释怀，学着放下！

因为每个人的一生就是不断失去的一生，有些东西失去了就是一生一世。活在过去的时光里，活在失去的阴影里，只会阻止我们前进的脚步。

记住那些曾经的美好，然后带着美好一路向前！毕竟，在认清失去与失落是人生的常态后依然能热爱生活才是真正的生活赢家。

厄运不是消沉的理由

听到"厄运"这个词，我可能最先想到的是鲁迅先生的那句话："伟大的心胸，应该表现出这样的气概——用笑脸来迎接悲惨的厄运，用百倍的勇气来应付一切的不幸。"

因为生活不是理想的乌托邦，它随时面临着暴风骤雨，我们需要有面对厄运和不幸的勇气，去托起属于我们的那一片天空。

前段时间，我和老同事聚餐。聚餐中途她被自己的闺蜜拉走了，因为闺蜜的情绪异常不稳定。后来听同事说起，才清楚她怎么会匆匆离场。闺蜜原本是衣食无忧的全职太太，但是去年丈夫却意外离世。家庭的重担全压在了她的身上，已经多年没工作的她需要重新找一份固定的工作来让自己和儿子的生活有保障。

她托朋友的关系在一个私企找了份工作，但这个突然的变故始终没让她适应过来。她不明白，为什么她一心一意地照顾自己的家庭，却还要让她承受这么多。她活在痛苦和不甘心之中，完全无心于自己的工作，甚至认为这个世界对她是不公平的。

在很长的一段时间之内，她都没有和他人相处的能力，因为她会把情绪迁移到其他人身上。刚开始，公司领导出于朋友的关系，并未对她有过多的要求。

但日子久了，她的工作状态始终没有起色，于是老板有辞退她的意向。一听到这个消息，她彻底慌乱了，她不能连这个基本的生活保障也没有。她向闺蜜求救，希望她能赶过去帮她解决这个困局。

原本的幸福之家，却由于突然的家庭变故而顷刻崩塌，这的确是件让所有人都痛心的事情。她活在悲伤中也是人之常情。但我们每个人的身上还肩负着其他的使命，她自己的未来，她孩子的未来，她家庭的未来都承载在她的身上。

她需要将这种悲伤内化在心中，化成守护的力量，生活有时候需要我们把哭声调成静音模式。无法走出人生给她的这个厄运，她也无法迎来人生新的一页。毕竟，生活仍在继续……

在我们从小到大读到的课本中，有那么多人的人生故事曾给我们上了这样一课。我国台湾著名作家杏林子，从小就体弱多病。12岁罹患罕见的类风湿性关节炎，一到发病就成了半个"废人"，手脚肿痛，行动不便，只有手指可以动。

即便是这样，她却依旧凭着自己乐观的生活态度和顽强的毅力，成为风靡港台地区和东南亚的著名作家。

她的散文《杏林小记》《生之歌》《生之颂》，几十年来都是台湾中学生假期指定读物，更以《另一种爱情》获文艺大奖。

有位作家曾描述过杏林子写作的场景：她在腿上架着一块木板，颤巍巍地用两个指头夹着笔写字，每写一笔就像举重一样，要忍受巨大的痛苦。这是她以"无用之躯"送给弱势者、身心残障者，以及无数跌倒过、在长夜里痛哭过的人的礼物。

更令人震惊的是，在自己遭受不幸的时候，她却还在想办法帮助他人，她创办了台湾地区最大、最有影响力的残疾人组织——伊甸园。

曾有人说，杏林子创造了奇迹，甚至说她就是奇迹本身，因为她从来都不向厄运屈服。她曾说："一粒貌不惊人的种子，是隐藏着一个花季的灿烂；一只其貌不扬的毛虫，将蜕变成五彩斑斓的彩蝶。每一个人的生命都可以歌咏出生命奇迹的奥秘。"在她61年的春秋中，却散发出了永恒的光辉。

杏林子教给我们的人生这一课触动了多少人的心灵。那么坎坷的一生她都没有陷入消沉，而是选择与命运搏斗。所以，当我们没有办法改变事情的结果时，或许可以尝试着以另一种方式接受它，别让自己的心灵背上沉重的十字架，而要为自己的心灵打开另一扇窗。

漫漫一生中，我努力工作却达不到理想的效果；我辛苦赚钱却因为变故花光了积蓄；我爱惜自己的身体却不幸患上了疾病……当厄运向你走来的时候，从逆境中找到一缕光亮，重新选择人生出发的目标。如果连你自己都没有站起来的勇气，你就彻底沦陷在命运给你的禁锢之中，没有人能拯救得了你了。

请相信，在这个世界上，没有谁的一生总是幸运与幸福相随，那些阴影也许在看不见的地方。但为什么你在有的人身上看到的总是光亮？

因为他们给自己心里注入了阳光。面对厄运，我们的态度往往就是下一个命运的开始。是为打翻的牛奶而哭泣，还是整理好自己的一切重新出发？你需要给自己答案。

世界不会辜负你的努力

最近又重新看了一遍关于北大才女刘媛媛的演讲视频，依旧热血沸腾，依旧热泪盈眶。相信那段视频，无论时隔多久，都不会被磨灭。

视频里的她仅仅用了短短 4 分钟时间，便征服了全场所有人。她脸上洋溢着自信，"目露凶光"地告诉这个世界，告诉所有出身寒门、家境普通的人：要想出人头地，就只能靠自己。

而她用实际行动，证明了这一事实。

她的父母皆是地道的农民，母亲甚至只有小学一年级的学历。她时刻告诉自己，要想摆脱贫穷，要想出人头地，只能靠自己刻苦钻研。她一直奋发努力，凭借自己的坚韧，最终考取了北大法律系硕士。

你若非出生在富贵人家，成就事业的唯一机会，就是忠诚和勤奋。

刘媛媛告诉你，你 100% 付出了，努力了，获得相应的东西，你才不会受之有愧。不管你以前有多么贫穷，有多么暗淡，只要能勇敢地追逐，那些不属于你的东西，也会牢牢属于你。上天不是瞎子，那些竭尽全力奔跑的人，它一定会看得到。

认识一个姑娘，同样出身寒门，同样一无所有。但她的无只是暂时物质上的，她的精神上极其富有。因为她特别疯狂，特别努力，她嘴边总是挂着同样一句话：我努力不是给别人看的，是给自己看的。

她绝对对得起拼命"三好少女"的称号，你要是见过她为前途疯狂的样子，作为一个陌生人，你都会为她心疼。

大学几年时光，从没蹉跎过 1 天，1 个小时，可以精确到 1 分 1 秒。很多同学都说她的青春浪费了，她只是笑笑，转头继续她自己的事情。

她放弃了很多她觉得没必要的聚会，她节省掉了小姐妹逛街的时间，她把电影暂时从她的世界里抹掉了，她只在自己的世界里"自说自话"。

她把所有的狠劲都用上了，走廊上，公园里，宿舍里，食堂里，教室里，都留有她默念单词的痕迹。她见过学校凌晨 4 点安静的模样，也见过凌晨 3 点狂风暴雨狰狞的模样，见过逢年过节"人走茶凉"的冷清模样，时光该有的样子，她几乎都见过……

辛苦的时候、想放松的时候她会告诉自己：别人都躲在暗处跟我暗暗较量，我要将那种较量进行到底。

于是整整 4 年她没有任何娱乐活动，唯一的活动就是每晚入睡前，在澡堂里洗澡的那 10 分钟歌唱时间。

其实人都不想对自己狠，都想对自己温柔一点，但是现在不狠一点，就一定不会有温柔的未来。

后来她拿到了别人心心念念的 Offer，进了别人望尘莫及的公司。

她说她的努力，就是为了证明她虽然出身寒门，但不会一辈子禁锢在寒门里，她有能力跨过那道门槛，得到她想要的东西。

你有多努力，就有多发光，舒坦从来都是留给那些曾经忘我拼命的人，世界从不亏待每一个努力的人。每一种努力，都值得被时光温柔对待。

有一次我从外地出差回来，已是凌晨，滴滴司机如约而至。因为时间太晚，怕司机师傅疲惫，与他唠起了家常。

现在成年人的话题，自然离不开工作和生活两件事，师傅主动说起了他的现状。说他这一行很辛苦，一天工作十几个小时，拿的薪水也就刚好解决家庭温饱。

每天白班夜班颠倒，夜班凌晨 3 点就得起来，通常是闹钟一响，他就跳起来了，怕错过那几分钟时间，够幸运的话，几分钟也许会拉到一个比较不错的活儿。

不管再怎么忙，他也会在周末抽出半天时间陪孩子，他说平常回去要么是孩子已经睡着了，要么就是他睡着了，周末陪孩子的那半天是雷打不动的。

外面夜灯昏黄，窗内的师傅看上去也有一丝小小的疲惫，更多的是无奈。我安慰他，其实大家都一样，每个人活着，都在用心生活，谁都不例外。日子会慢慢好起来的，只要你一如既往向前奔跑，总会有见到光明的那一天。

你不用担心你付出的与收获的不成正比，那都是多余的猜想。用尽了力气，拼到了最后一刻，随之而来的就会是惊喜。

　　生活中见过的人，接触过的人，大多都是正面的、积极的、阳光的，偶尔的抱怨也只限于当下的几分钟，小小的发泄完后会重新投入紧张的工作状态里。你能在他们身上看到的是，像打了鸡血一般，永远有用不完的劲。

　　其实并非他们不知疲惫，而是怕一旦松懈，就会被别人甩下十条街，那样的差距，是生活万万不能容忍的。

　　他们艰辛的样子，他们努力的样子，你看得见，同样，世界也会看得见，他们的老板也会看得见，所以甘露，是迟早会滋润到他们心头的，只是时间问题而已。

　　生活面前就是，你要少几分顾虑，多几分勇敢。你只管埋头向前跑，把其他交给时间吧，想必苍天定不负君意，你想要的最后都会给你的。

经历即是一种财富

每一个人的人生无时无刻不在经历，有些经历令人感到美好，有些经历令人感动，有些经历让人陷入深深的苦楚，有些经历让人刻骨铭心，而有些则如青烟淡去。如果人生是一本书，无论深浅，这些经历都是书中的一段故事或一个篇章。

我们先来谈一谈生活中的那些经历。

Z 是一名老师，为了一场教学比赛，她准备了 2 个月，熬了好几个通宵。初赛的时候，所有的专家都夸赞她的课设计得有深度。复赛之际，她带着满满的信心在几百人的大会场比赛。没料到，最终仅获得了一个二等奖。当奖项宣布的时候，Z 在现场哭得不能自已。这是她成为老师几年来第一次取得一等奖之外的名次。

在参赛之前，包括她自己在内的所有学校领导、老师都相信一等奖对她而言不是问题，因为事情在她手中没有砸过。然而，这一次却砸了！

比赛结束的 1 个星期，她始终都没在状态，脑海中一遍又一遍地回放着比赛当天的场景。如果课件中再多插一个学生的视频就好了，如果比赛之前再多问一下前辈的意见就好了，如果比赛当天的状态再好一点就好了……无数个如果困扰着她，她好像走不出自己设定的那个圈。在她的心中，她自己设立的那个从不会把事情办砸的原则被打破了，她认为她的形象也在他人的心中被打破了。

很多的朋友安慰着她，多数的安慰不过是一种表面的慰藉。真正打开心扉还需要自己的调整。可是，有一句话她却听进去了："这样的经历才会让你有更多的反思。"对于一个没有经历过所谓"失败"的人而言，这样的经历最重要的意义是什么？它至少提醒了 Z 在比赛中需要注意些什么。

每一个比赛无论大小，你都需要以自己最好的状态去面对。在很多的问题面前，一个人的单打独斗远远抵不过集合大家的智慧。这些是她在得一等奖时所不曾体会过的。

也许未来她还会有许多的场合要历练，而每一次她都会想起这次曾有过的那种久久不能释怀的感觉。吃一堑，长一智，或许这就是经历给予的某种意义。

回顾她走上教师岗位的每一步，她走过无数的弯路。但是每一步的弯路都让她在其中学到了新的知识，也是那些弯路让她成长为经验更丰富的老师。

或许这一次，她又有了一个可以记录的心路历程。

谁的人生不是在经历中一步步更成熟呢？

对于一个创业者而言，他可能要经历无数次商场的风风雨雨，才能明白如何守住自己的江山；对于一个运动员而言，他经历过多少次的摸爬滚打和赛场历练才能在赛场稳如泰山；对于一个军人而言，他只有经历过军魂的历练才能成为真正的中国脊梁。

经历过爱情的人可能更明白什么是适合自己的婚姻；经历过离别的人会更懂得亲情的温度；经历过贫苦的人更珍惜来之不易的生活……

著名主持人柴静，一直拥有广泛的读者和影响力。她曾经出现在非典的一线，进行过矿难的真相调查等，并以这些经历为背景创作了自传性作品《看见》并引起热议，销量超过 100 万册。

书本中的故事之所以那么打动人心，是因为多数是其他记者不会触碰的新闻事实。她的这些观点、这些思想是她在央视这么多年的磨炼中历练的。

毕竟，刚踏入央视的她也不过是一个愣头青。在她的采访中，她曾对受访人的"没有经历过深夜痛哭的人不足以谈人生"表达过自己的认同。

可见，她的人生中也经历过不少默默流泪的时光。从对新闻一无所知的新人，尝遍失败、迷茫、摔打的滋味，到成为央视最受欢迎的女记者和主持人之一，她在采访中看见了世界，也看见了自己。

让人成长的是经历，而不是岁月。

登山虽难，但只有站上顶峰才有无限风光；彩虹虽美，但也只有风雨之后才会出现；星星虽亮，但也只能在黑夜中才能被发现光亮。有些美好只有在经历过后才能拥有体验。

也许所有的经历都是独一无二的财富，因为那一刻是独属于你的感受，独属于你的记忆。感谢那些笑与泪，快乐与悲伤，所有错综的经历在一起才会让我们人生的单行线越来越丰富。生命的宽度或广度也在这每一次的经历中体现。

Part 6

别在该吃苦的年纪，选择安逸

这就是我们今天的生活，不平衡的生活。区域之间的不平衡、经济发展的不平衡、个人生活的不平衡，等等，然后就是心理的不平衡，最后连梦想都不平衡了。梦想是每个人与生俱有的财富，也是每个人最后的希望。即便什么都没有了，只要还有梦想，就能够卷土重来。可是我们今天的梦想已经失去平衡了。

——《我们生活在巨大的差距里》

趁年轻，拼一拼

当你老了，你最悔恨的事情是什么？曾做过一份调查，调查显示，有将近 72% 的人，后悔年轻时不够努力，而导致一事无成。

这些人大多在 50 岁或 60 岁出头，更年轻者也有 40 多岁的中年人士。

有人说，混到 50 岁这个年纪，居然还蜗居在一个不到 20 平方米的房间里。因为结婚结得晚，女儿还不到 20 岁，每次放假回来，一家三口都得挤着过，上下铺的铁板摇得咯吱咯吱响，就那么把日子过得"灰溜溜"的。

有人说，每次看到别人事业小有成就，风光体面地出现在同学聚会的时候，他就会不自觉地往后缩几步，而此后的 10 年里，他都没有再出席过一次同学聚会。

有人说，因为年轻的时候总害怕吃苦，总害怕做什么事情都不能成，现在年近 60，就真的一事无成，没有一件可以值得骄傲的事情。

也有人说 40 岁是个尴尬的年龄，说老不老，说年轻也不年轻，青年时期没好好努力，年纪大了想努力，却发现各个机能已经完全不如从前，没一点优势可言了。

......

从以上，大概都能看出很多悔恨之心在里头，却都是空悔恨而已，因为有些东西失去就失去了，再怎么后悔也无济于事。

如若不想老来悔恨，中年忏悔，青年时期还须好好努力，把每天的日子都过得充实，把劲儿都奋斗在梦想和执着上，才能让自己日后少一些遗憾。

年轻人就应该有年轻人该有的模样，勤奋、血气方刚、坚韧，也能承担一切自己本身该承担的责任。

也如这段话所说，如果不去折腾永远无法挖掘你的潜力，自命不凡不服气永远只是一句口号。所以，敢折腾，这是年轻人血性中最珍贵的动力。

其实以上的例子，我身边就有一个。

我隔壁邻居的一个大叔，就是类似这种活在悔恨里的人。

他们一家三口是前年从农村搬过来的，攒了很久的钱，买了一套二手房，本应该是幸事，但三天两头能听见他们夫妻吵闹的声音，完全没有一点喜悦之情在里头，听得久了也自然就知道一星半点了。

大叔今年 50 多岁的样子，妻子年龄跟他差不多，有个儿子在念大三。买房子对外借了不少钱，因为大叔年岁大了，1 个月也赚不了多少钱，这就惹来他妻子每天的抱怨，说他年轻不懂得下苦功夫，不赚钱，好吃懒做，年纪大了还欠一屁股债，跟自己相同起点的人家，早就把一切都安排妥当了，而自己家还是这个样子……

他们家里每天都会弥漫一股硝烟味。

大叔也是无可奈何，只能耷拉着脑袋任妻子唠叨。

虽然是家长里短，但也足以显现年轻时努力的重要性。"少壮不努力，老大徒伤悲"，也莫过于此了。

最近有个读者给我发来私信，大概就是很辛苦之类的话题，每天加班到10点，双重指标压力大，周末单休1天还得随时待命，想换一个工作，问我有没有好的建议。

我问他是否换同行业，他说当然。

我告诉他，既然是同行业，那你又怎么保证下一家的工作任务，不是跟上一家一样繁重呢？又怎么能确定下一家公司就能轻松一些呢？

而且换了之后，你还要重新应对复杂的人际关系，熟悉不一样的环境。如果有这些时间，还不如把它省下来用在自己的事业上，用在怎么去谈客户上，而不是一心想着怎么让自己轻松一点。

他哑然，隔了很久才说，好像是这么回事。

如果吃不了那个苦，哪个行业都留不得你，你注定做的也只是一些别人轻松就能代替你的活儿。但若那样，自然体现不了自己的任何价值。

"换地不换心"，自然不可行。要想未来过得舒适，必须现在毫无保留地付出。

趁着年轻，拼上一拼，会让你老来受益的。

我身边有个朋友，是新媒体撰稿人，薪资开得高，自然承受的压力也是别人的好几倍。

　　他可以连续好几个月不休息，从清晨奋斗到凌晨，第二天早上依然会赶在堵车高峰期前的半小时之内，抵达公司，修改前日的稿子，配图成文，点击发送。

　　周末自然就不用提了，虽然不用去公司，但家里也已经成了办公的地点，上午搜素材，找数据，打腹稿，下午开始认真写作，如果当天没有完成的，也一定会赶第二天一早发送的时间点前写完。

　　问他累吗？他说不累是假的，很多时候身不由己。

　　没有人逼他，是他自己逼自己。因为他很清楚，不管哪个行业，竞争力都非常大。比自己能干的人多，比自己有才的人也多，拼的是什么？拼的就是时间的进度，拼的就是那份不屈的决心。只有这样，才不会被淘汰掉，才能保住自己的饭碗，才能迅速高升。

　　如果你下班晚一点，你抬头看，就会发现，很多写字楼依旧是一片通亮，每个格子窗里，都闪着一束奋斗的光芒，那束光，是很多人的未来。

　　成长路上，没有人会逼迫自己，唯一逼迫你的人，唯一能把你驱动的人，都只有自己。

　　所以趁着年轻，拼一拼吧，拼了才对得起自己，才能不辜负未来。你才能在日后大谈你当初的光彩。

雕琢，这件事很痛苦

华为集团有一句名言"烧不死的是凤凰"，这是华为的创始人选拔干部的一个准则。凤凰是瑞鸟，也是高贵的象征。但每500年，它就要背负着人间的所有不快和仇恨恩怨投身于熊熊烈火中，在肉体经历了巨大的痛苦和轮回后，以更美好的躯体重生。

华为集团以此来激励公司的员工，也在一定程度上告诉他们：只有在事业中经历百般磨炼的人，才有资格站在华为的中心；在工作中承受住"脱胎换骨"的改变，才能拥有成为"凤凰"的资格。

无独有偶，联想集团前总裁也曾表示"折腾是检验人才的唯一标准"。折腾意味着在工作中不满足于当下，不停地自我刷新。在折腾中训练自己的抗压性，在折腾中提升自己的业务能力，在折腾中保持着向上的活力。

无论是华为还是联想的名言，都在一定程度上给了我们一个启示：成为一个大型企业的优秀员工，有一段很长的路需要走，其中最重要的一个课程就是修炼自我。这个修炼必须是伴随着苦痛的过程，否则就无法真正"立"起来。

怎么修炼自我？"玉不琢，不成器"，无非是雕琢，让自己更优秀。

　　首要的就是雕琢自己的实力，这需要日复一日地练习与坚持。

　　往远处说，我最先想到的是王羲之，他是我一个朋友的书法偶像。他之所以在书法上有影响后人的造诣，与他对书法的雕琢紧密相关——临池学书，池水尽黑，这得是多少日日夜夜的刻苦修炼。

　　往近处说，最美舞者邰丽华及其团队的《千手观音》，就是一个雕琢的艺术品。21 个人，全部生活在无声的世界，完全依靠老师 1234 的节拍来想象旋律。

　　为了排练出这个舞蹈，他们清晨 6 点多钟，就开始跑步进行形体训练，有时一直排练到第二天零时，只要排练中出了差错，演员们就会在手上画一道黑线来提醒自己；因为队伍中有 9 名男演员，要练到像女孩子一样柔软的"兰花指"，男演员们花了很大的心思；而为了让演员感受到音乐的节奏，准确地同时出手，演出时，4 名手语老师分别站在舞台四个角，她们的手成了聋哑演员的耳朵。

　　就是这样一个团队，经过全力打造及精心雕刻，这个节目赢得了全国观众"激动、流泪"的评价。

　　雕琢自我，从来不是一件容易的事。它需要你投入所有的精力，有时是没日没夜的反复；有时则是所有人的全力以赴。但即使苦到极致也要咬着牙坚持，只有在这样的经历之后，你呈现出来的作品、呈现出来的自我状态才会真正与众不同。而人生，往往有过这样一次便足以刻骨铭心。

　　而雕琢，更需要磨砺自己的心性。《大学》中，"定而后能静，静而后能安，安而后能虑，虑而后能得"，只有把心静而定之后，我们才能听见内心的声音。我们想成为谁？我们怎样成为谁？尤其是在这个喧嚣和浮躁的社会里，没有这一份功力，我们就容易走入他人设定的圈子，成为他人眼中希望我们成为的人。但我们从来都不是谁的附属品，我们成为的应该是独一无二的自我。

每一个人在骨子里都渴望成为更好的自己，你可以试着去雕琢自己。

比如坚持读一本书，让自己的思想更丰富；

比如坚持健身一段时间后，让自己的身体和身材处于更佳的状态；

比如来一段远足，让自己在脚步与大地的对话中听一听大自然的声音；

比如试着和你害怕的东西建立联系，让自己的内心变得更勇敢；

比如，戒掉自己很久以来戒不掉的一个习惯，用来检验自己的意志力有多坚定；

比如放下一件你心中久久不能释怀的往事，为你的心灵腾出更多新的空间。

……

人这一生值得自己雕琢的东西是没有终点的，因为我们穷尽一生都在追求一个更好的自己。而雕琢的过程必定是苦的：雕琢意味着你告别某个阶段的自己，意味着离开自己的舒适区，也意味着需要你认识自己的不足并去改变它。但我想，当那个更好的自己出现的时候，所有这一切的苦都是值得的！

　　美人如玉不仅是天生如此，也是后天的修饰与自我修炼；剑如虹，不仅是自带的好材料，也是在锤的击打和火的淬炼中成就。愿你能承受住命运的惊涛骇浪，直面真实的人生；愿你能迎接好这一生的风风雨雨，坦然接受生活给你的馈赠。是石头，还是璞玉？你就是你自己这一生最好的作品。

　　而在你绽放出属于你自己的光芒之后，所有的人都会无法忽视你的存在。

你累，别人比你更累

我有个朋友叫 Tracy，这是她给自己取的英文名，说真名听得多了腻了，不如换个洋名来听听。

她 28 岁，出生在农村，在广州工作，在老家买了房。一个姑娘凭自己的奋斗，在二线城市买了房，也算是不易了，毕竟很多人在她这个岁数，连上万的存款可能都没有。

交房的时候，她激动得跳了几圈，因为觉得自己太不容易了，而有房的梦想也实现了，她很为自己开心。因为自己生长在农村，她很希望将来的孩子，可以出生在城市，受城里的教育。

开心的同时也有焦虑，虽然房子是买好了，但装修的钱还是差了一大截。所以那时的 Tracy，除了睡觉的 6 个小时之外，都在工作。

除工作外会接各种兼职，总之一定要把时间排满，不能让自己的时间有空闲，舍不得吃喝，半年多里没舍得买一套新衣服，连水果都是捡最便宜快烂掉的买。

辛苦攒的钱，都用在了装修上。她说那一阵特别累，但看着自己的小房子也很值得，很有成就感，自己再也不像飘来飘去的"野魂"了，什么时候混累了，就可以回来歇歇。

有些累，必须自己亲自扛，才能换来不同程度的快乐。累一点没有关系啊，因为有些累，值得。

她也和所有漂泊在大城市的人一样，睡过地下室，吃过素淡的泡面，拼命工作，拼命节省，才换来属于她自己的小幸福。

不要觉得累，其实身边的人都比你累，只是他们没有说出来而已。

朋友小可是 IT 里的"码字农"，白天上班，晚上骑着他的小电驴三轮车去双井摆书摊卖书，安安分分地卖书倒也没什么，可偏偏要时刻躲避藏在暗处的城管。

如果不小心被他们抓到了，那份劳累，就白贡献了，因为要交"赎金"。所以看见城管，他会四处躲着他们，他不能让辛苦奋斗来的钱，就那样白白打了水漂。

能不累吗？挺累的，身体累心也跟着一起累，身体跟心像麻花一样扭结在一起，是最痛苦的。

卖书除了可以卖点钱以外，他也更希望哪一天，忽然从天而降出现一个跟他同样爱书的"有钱人"，他们一起实现开一家书店的梦想。

在梦想到达彼岸前，累一点也值得。

你累吗？累。快别说累了，如果你穷得只剩下梦想了，还有什么资格说累？别人用走的，你得用跑的啊。而且，比你努力的人，比你更累啊。

活着谁不累？大家都挺累的，工作任务繁重，家庭琐事复杂，就这两件事就足够累心的了，更何况还有别的一些未知事件。所以累点没关系，你还年轻，能承受住那份累。

别人的成就都是一层层不同程度上的劳累所叠加而成的，不信你看。

艺术大师梅兰芳年少时眼皮下垂，眼珠转动不灵活，对于要搞表演的人来说，那是致命的缺陷，很多人估计就望而却步了。

但他没有，为了能够当上一名出色的表演者，他必须想办法来克服这种看似可怕的事情。

他想到一个办法，用鸽子来锻炼自己的眼神目力。于是他养了很多鸽子，放飞鸽子时，不断地辨别哪些是自己的，哪些是别人的，看着天空，越看越高，恨不能把天空看个窟窿眼出来。

数十年如一日，坚持不断，刮风下雨也会重复这件事情，久而久之，双目变得有神了，他的用功，成全了他在京剧上取得的艺术成就。

他累吗？当然累，难道他就不想偷懒去放松一下，做点别的事情？不会，累也得坚持，因为他知道没有捷径可以走，除了那条"又笨又呆"的路，他无路可走。

英国有一个作家叫约翰·克里西，是个相当努力勤奋的作家，每天会伏案写作到深夜，哪怕睡得迷糊了还能再坚持一小阵。

这么努力的人，这么能吃苦的人理应早早地被世界认可才对，可没有，他遭受的是接二连三的沉重打击——743封退稿信。

那些吃过的苦，受过的累，似乎眼下都没起到什么作用。好在他有用不完的活力，也没有因此而萎靡消沉。

他这么开导自己："不错，我正在承受人们不敢相信的大量失败的考验。如果我就此罢休，所有的退稿信都变得毫无意义。"

吃过的苦不能白吃吧？既然吃了那就一吃到底吧，于是他接着坚持，愈挫愈勇，直到逝世为止，出版了 564 本书，一生都用在了奋斗上。

没错，很多时候我们会叫累，而且累过之后还并不见得有可观的结果。但只要不退缩，有一种把苦吃干净的决心，你总能收获到你想要的。

有一句话说得很好：沉默，只会辜负稀世才华；奋斗，方能迎来柳暗花明。要想过得比别人好，就得承受别人吃不下的苦，你才能成为龙中龙，凤中凤。

没有人是轻松的，你可以累，但别忘记短暂的休息之后，继续像个铁人一样昂首奋进。

你的每次逃避，都需要加倍偿还

这个标题，倒是让我自己先进入了沉思状态，问问自己有没有逃避过什么事情，然后才好问你们有没有逃避过什么事情。

细数了一下，不少，有点多，但是都付出了惨痛的代价。

为了逃避军训，装病，在新生大会上被点名批评；

为了逃避工作，请假 1 周出去疯玩，回来就被劝退了；

为了逃避写稿，宁愿白天大扫除累得像孙子一样，晚上就被骂了；

为了逃避思考，看一些无关痛痒的电影，思想一直不够有深度……

小时候的一些逃避，或者不会给你带来太多的困扰，但成年后的逃避，代价是相当大的。

你呢？逃避过什么？我有一个朋友，就特别爱逃避，跟我以前有一拼。

她说她为了逃避高考，差点要她爸妈花高价让她去国外了。她说就是害怕自己考不上理想的院校，怕承受不住那个打击，还不如先行一步。

但是后来多人劝说，她自己也仔细想了想，出去也未必能变成凤凰，就咬着牙关搏了一次，虽然考得不是理想型，但在班级里比，也不算差了。

有了第一次，就会有第二次，后来念大学，连恋爱那种事情，她也下意识地逃避。

跟一个男生恋爱了 2 年，感情状态也一直稳定，但在接近第二年年尾的时候，她忽然觉得自己不那么爱他了，但也不想直接说分手，怕打击到对方，便玩起拖延战术，短信不回，电话不接，见面就逃……

男生完全不知道她闹哪样，一天到晚琢磨她的心思，每天也无心学习，挂了很多科。后来想办法找家人出马，在此前，他们的恋爱关系是两家都不知道的，当初说好，毕业了再告诉双方父母，现在的情况就是两家都知道了。

男方说只想要一个结果，这么尴尬着也不是一回事。

于是男方责怪女方家里不负责任，女方责怪男方家里死缠滥打，后来闹得整个学校都知道了，女生跑出来道歉，说她已经不爱他了，让他放手。

早知如此，何必当初？简简单单一句分手早说不就好了吗？非得最后撕破脸皮，闹得大家里外都不是人。

逃避什么？逃避掉不愉快的结束话语。不想结局不好看，不想画面不精彩。自然就想在自己心里单方面做了结。但成年人的世界，逃避会适得其反。

她真是奇葩。

年少想逃避高考，成年想逃避分手，后来逃避梦想。

梦想也可以用来逃避？是的，没看错，连梦想她也想逃避。

怎么逃避？自己想去做的一直在害怕，不敢跨出那一步。

例如她学服装设计，想开个工作室，但也不知道怕在哪里，始终不肯去做，眼见着跟她同一起点的人，早早尝试了起来，反复折腾，最后开成功了，也积攒了不少经验，她还像个胆小的猫咪一样，偷偷"窥视"着人家……

也许她自己没有意识到这是逃避，其实这不仅是逃避，也是在拒绝成长，这些终究都是需要付出代价的。

回到生活中来，大大小小的事情，我们都没少逃避过，扪心自问，你有主动出击过吗？如果有，那给你点1万个赞；如果没有，那也应该深思了。

很多时候，你面对问题，不能迎难而上，就本能地在脑海里产生出一种逃避的思想。你要学会抗拒，要学会挣扎，不要任由它在你脑海里泛滥。

例如你觉得你做不到的，你要面对镜子带着微笑告诉自己，你可以，你可以去试试。

再举个小例子。

妹妹有次期末考试，考了个全班倒数第三。不是她平常底子有多差，是她有意逃避那次考试。在考试之前的几天，她还在疯狂地打游戏，对着视频学跳舞。我妈数落了她一顿，她就把自己关到房里去了，原本以为她在看书，谁也没去打扰她。后来她告诉我们，她只是换了个场景自娱自乐。

她听说那次考试题目很难，所以害怕了，干脆不想去看书，不想动脑筋，任由自己散漫。结果连试卷上的成绩都在嘲笑她，给了她那么低的分数。

为什么要逃避？害怕挑战，害怕失败，害怕受控……

你逃避，自然要有沉重的代价，例如那次，妹妹的零花钱减半。

出现问题不要逃避，要学会接纳，也许它能成就不一样的你。

我还有一个同学，大学里没学到任何东西，光混了一张毕业文凭。步入社会，找不到理想的工作，没有一技之长，只能去公司基层从最基本的开始做起。但就连基层她似乎都不知道应该怎样去做，总觉得自己这也不会，那也不会，这也不行，那也不行，一方面焦虑，一方面又不知道该怎么办。

后来看到另外一个女生的工作不错，就想着让那姑娘带带她，但奈何那项工作要考很多证书，而且每一门的证书难度都不小，看着那些密密麻麻的数字，她又头疼了，所以她再次放弃了，都没有给自己一个挑战的机会。

然后就是平庸、暗淡，接着就是无所事事，仿佛都能一眼看穿她的未来……

其实很多时候，我们对于大大小小的逃避都已经日常化了，我们动不动会说算了吧，下次吧，我不行之类的话，来敷衍别人，同样也来敷衍自己。

那后果呢？后果自然也会显而易见。你懦弱，你害怕，你不敢尝试，好运自然也不会降临到你的头上。

面对挫折，面对困难，你该怎么办？你要洒脱点，就像《迷雾》里的台词一样：绝对的正面突破，要么你破碎，要么我破碎。

无论天气怎样，你要带上阳光

前阵子，丽丽在微信平台上发起了一个众筹。

丽丽是我的高中同学。2012 年大学毕业之后在一家医院当护士。

她出生在一个普通的家庭，而且比普通更"普通"一点。在她读书期间，父亲便身患冠心病，到现在有 10 余年了。长期以来，她的父亲不仅不能从事体力活，身体更是长期依赖药物的维持。她的母亲只能去县城里打工，但是文化水平低，工作机会及待遇不稳固，月收入仅 1500 元左右。

尽管如此，父母亲依然以他们的力量，极力想让她和弟弟过得更舒心。也是在这样的环境中成长，她和弟弟从小就下定了决心，有朝一日让家里人过上好日子。

大学毕业以后，为了减轻家里的负担，丽丽就一直努力承担弟弟的学费和生活费。弟弟也非常争气，有着男孩子的勤劳与勇敢，并且格外孝敬父母。2017 年 6 月，他以超出二本线二三十分的成绩考上大学。

原本这是他梦想的起点，也是他们家庭一个美好的开始。

然而入学不久，弟弟便被发现右侧颌下一淋巴结呈进行性肿大，并伴有咳嗽流涕等类似感冒症状。医生建议他进行化疗，虽然生命体能有了改善，但未来可能复发的概率很大，甚至有可能直接威胁生命。

这个消息对原本就困难的一家人来说无疑是晴天霹雳。但在弟弟的病情确定的那一刻起，丽丽就没有软弱和逃避过。

为了弟弟的治疗，她带着弟弟辗转了无数个医院。为了弟弟的医药费，她日夜兼职，也在朋友圈一次又一次地寻求帮助。但是，每次面对弟弟的时候，她总是会笑着对弟弟说："你放心，我们能坚持下去的，姐姐会一直陪着你把病治好。"

每次在寻求帮助的时候，她不是歇斯底里地哀求，而是对未来充满着希望："我相信我们的力量，我相信你们给的力量，我更相信人的意志能战胜不幸。"她在用自己的信念一次又一次地相信以乐观的心态会让事情向更好的方向发展。

在2个多月的治疗之后，弟弟的病情终于有了好转。

这几天，我翻了丽丽的朋友圈，里面没有一点对命运的抱怨，没有一点对当下生活的厌倦，反而是在感谢那些帮助过她的人，那些成全她变得更坚强的人以及庆幸着弟弟的病情一天天好转的欣慰之情。

因为在她看来，事实已经存在了。她能做的就是调整好心态，去影响事情的结果。最重要的是，她的情绪就是整个家庭的情绪。只有她的心中有了阳光，这个家庭才会有阳光。

正是因为她这份笑对生活的心，让所有的朋友对她越发钦佩，愿意竭力为他们一家人献上自己的一份力量；也以她的故事感染到了陌生人来助力她。

"明天和意外，你永远不知道哪一个先来"，生活中的变故往往就在一刹那。你的那一方天空不会永远是晴朗的，总会有暴风骤雨来临。

不管怎样，如果你选择了积极面对，那结果也会向你微笑着走来。但如果你总是活在悲伤的阴影中，生活还给你的也只能是悲伤。

很久以前听过一个花瓶的故事，大意如下：

某天，老师带了一只精美绝伦的瓷花瓶走进教室，并把它摆放在了桌面上，但上课时不小心把它给撞翻了，砰的一声摔得粉碎。

同学们瞬间惊呼连连。但老师相当淡定，像个没事人样继续讲他的课，一直到下课。走之前，老师对他的学生留下一段话，大概意思就是，事情都已经发生了，你们再怎么悲伤，花瓶也不会恢复如初。这也就好比人生，你总是悲叹一些已经发生但不能愈合的事，那没用，你只管抬头继续往前走，不要让那些已经改变不了的东西去影响你。

你是不是也经常有这样的时刻，某件事明明可以做得更好，却因为自己的一个小失误而导致误差甚至全盘皆输，你就会长期活在自责中；某个人因为你某一个偶然的行为而受到伤害而对你耿耿于怀，你就会对这件事、这个人难以释怀……你的心里总是装着很多事，那些没有宣泄出去的情绪不时地从你心底涌出来。你总是让自己活在不快乐中。

然而，当你多年以后回首，那些事情真的那么重要吗？不过是几千个日日夜夜中一些小的琐事罢了。

人生只有那么长的岁月，能快乐就快乐吧，能淡忘就淡忘吧。

哭也是一天，笑也是一天，为什么要不开心呢？为什么让那些已经发生的事影响自己的心情呢？当你对着镜子哭，它也会对着你哭。生活也是这样，你以怎样的情绪对待它，它也会以怎样的情绪回馈给你。

快乐，才需要我们耗尽一生来实践！

出发，没有回头路

记得这样一个趣味故事。这个故事诠释了关于人生的残酷。

学生们向苏格拉底请教人生的真谛。苏格拉底什么也没说，只是把他们领到果树边，对他们说，咱们玩一个游戏。

这个游戏就是，要他们顺着果树，从这头走到那头，摘一个自己认为又大又好的果子，但游戏规则是不能走回头路，不能有第二次选择。

学生们遵从，认真选择，小心翼翼地摘取自认为最好的果子。

到达果树的另一端，苏格拉底已经在静静等候着他们。

他问：都选到最好的果子了？大家面面相觑，谁都不肯先作答。

他继续问：发生了什么呢？

其中一个学生站出来，耷拉着脸，说："老师，能不能再做一次选择？刚走进果林发现了一个很大的果子，但想寻找更大的，便放弃了它，但走到最后，才发现它是那个最大最好的。"

另一个学生也站了出来说："我跟师兄相反，我摘了自己认为的好果子之后，却发现前方处处都是又大又好的果子。"

"我们都想再选择一次。"所有学生几乎一同请求。

苏格拉底笑笑，但随后一副抱歉脸，严肃地摇了摇头："不可以，孩子请记住，因为这就是人生——人生就是一次次无法重复的选择。"

残酷吗？残酷。因为人生没有回头路，每一步都要把握好力度。

跨出前，仔细思考，跨出来了，再难你都得坚持下去。虽残酷，也温柔，因为人生没有白走的路，每走一步，都会算数。

就像人生一样，努力的过程也一样。

很多人都像故事里的学生一样，在自己心里偷偷地告诉自己，如果能重新来一次就好了，可谁会给你反悔的机会？

高考没考好，你不能重新回考场；

选择好的专业，你不能半途反悔；

浪费过的时光，你不能重新捡回来；

大会失误的 PPT，你不能重新再做一次；

……

选择之前，慎重考虑；选择过后，坚定前行。

这不禁让我再次想起 2017 年那次艰难的沙漠旅程。我报名了三天两夜的沙漠挑战赛，交了 1 万元的报名费，即便有诸多理由，也不能再退赛了。

300 多个人参赛，全副武装，走在毒辣的太阳底下，空旷无际。两只脚跨出那道比赛的红线，便没有回头路。

你只能一直往前走，不能后退，只能前进。我记得最艰难的是第一天，因为很长时间没有走那么远的路，脚被磨出了疱，又是在沙漠，还顶着紫外线极强的烈日，相当艰难，每往前走一步都像是在割肉。

但看着前面细小的身影，忽然觉得自己一定要走下去，给自己一次挑战的机会，也是给自己人生一次历练的机会。

开弓没有回头箭，既然选择了出发，便只顾风雨兼程。路上没敢歇，怕歇了起不来，身上把半年的汗都流完了，最后还是一步步走了下来。

接下去的两天也是如此，没有偷一步懒，坚持走完了整个比赛的路程。奖杯拿到的那一刻，毫不夸张，我激动得泪流满面。

其实跟我一起咬牙坚持的人有很多，他们也一样走得痛苦，但也一样坚持得彻底，大家都知道，自己选择的，无论多苦一定要走完，这才是对自己最大的肯定。

人生也一样，你当初选择了奋斗，你便不能因为受不了磨难的苦，就停止前进的脚步，导致你所有付出的努力都功亏一篑，半途而废。

很多人，一开始都是稀里糊涂做了选择，最后也不愿意为自己的行为负责，于是浪费了时间，也耽误了自己。

既然选择了，就要相信自己当初的判断力，尊重自己的选择，坚持去完成挑战。

有朋友跟我说过他身边同学的一个故事。

说那个同学读本科的时候，天天沉迷游戏，因为一个师兄的劝导，他戒掉了游戏，决定考研。但因为成绩很差，无从着手。

师兄帮他出谋划策，教他考研套路，政治让他买四套卷，英语让他报冲刺班，按套路答题，专业课他还弄来了模拟题，试卷是导师自己出的。

于是，他以刚过分数线的成绩考上了。

他觉得自己也算幸运，就这么"稀里糊涂"上了研究生，想摒弃以前那种懒散的态度，好好学习，将来找一份不错的工作。

但研一还没读完，他就不想再继续念下去了。因为学习底子薄弱，自己无从下手，问同学同学不知，问导师导师没空，完全就是一副呆子状态，不知道往哪个方向前进。

有了这种念头，就真的在脑袋里"密谋"了这件事情，退学了。

为什么退学？因为前路遇到了困难，一只脚迈不动了，迈不动不想任何的方法，等着别人来救，荒无人烟，谁会来救你？唯有自救；既然不能自救，就只好自生自灭。

当然，同学是可惜的，他没有克服困难，不会自己找方法解决，吃不了苦，最后只得以遗憾收场。

既然选择了，既然走了一半，为什么不能再勇敢地往前迈一迈呢。太过懦弱的人，不值得拥有成功。

　　人生啊，总是没有回头路，都知道前进难，其实回头更难。

　　能坚持到底的人毕竟是少数，不然满世界都是成功人士，世界倒也没有那么新鲜了。但你不去尝试一下成功的乐趣，又岂不是愧为人一场呢。

感恩拥有的一切

　　F是和我同一年参加工作的，所以我们走得比较近。在单位的第2年，通过公司领导的介绍，她认识了一个男孩子。在交往1年多之后，他们结婚了。工作之余，F时常会和我抱怨，说她的老公在家里什么都不干。

　　她说老公下班到家之后，就是一副"太爷"的样子倒在沙发上，她和老公经常会发生矛盾，F也变得越来越不快乐。在生完孩子之后，F更显得患得患失，人总是充满了各种负能量。

　　后来，领导在单位组织了一次心理沟通课。我陪着F进行了一个心理疏导。心理老师让F尝试着描述，他们在婚姻或家庭中她能感受到的一些幸福。在F的表达中，我们听到她有一个很不错的婆婆。

　　婆婆每天都会为她和老公准备丰盛的早晚餐，会把家里的一切打理得井井有条。可以说，家里的一切琐事，都是婆婆一手操办的。在工作上，婆婆会把她所有的人脉都引荐给她和老公认识。

F坦言，她的婆婆把她当作了亲生女儿对待。谈起自己的老公，F说他每天都会按时接送自己上下班，只要自己想做的事情，他都会陪自己去做；想买的东西他都会尽力帮她买下来。女儿出生以后，他也会经常陪女儿。

听起来F应该拥有很多幸福的点滴，那F的不快乐究竟在什么地方呢？她开始了对老公的吐槽模式，我们听到的其中一个核心词就是"懒"。家里的事情都需要婆婆操持，而老公还是个没长大的老男孩，需要婆婆的照顾。

别说心理老师怎样判断F的心理状态，我也感知到她不快乐的原因了。F已经拥有的胜过了许多家庭，至少他的老公人品不差，至少他的老公愿意为她付出，至少他的老公能用心工作来养家，至少她还有一个别人羡慕不来的婆婆。明明拥有了很多，她却抓住那个不完美的地方无限放大。

这世间，怎会有完美的婚姻，怎会有完美的另一半？幸福的家庭和幸福的婚姻需要经营，更需要我们能学会珍惜另一半对自己的付出。如果F能看得到自己所拥有的这一切，她还会那样患得患失吗？

她若是能感恩现在所拥有的一切，并利用这些去做更多的事情，不仅自己的日子会更自在，也许在她眼中老公的那点不完美也会慢慢改变。

然而像F这样的情况，生活中还存在不少。有人会抱怨自己的家庭不显赫，却不知道自己拥有的是别人正羡慕的和睦的家庭；有人会抱怨自己天生长得不漂亮，却不知道他人正为了一个健康的身体而求医问药；有人会抱怨社会的不公让自己失去了一份高薪的工作，却不知道还有人在为了温饱问题而四处奔波……

　　我们往往看到的是别人拥有什么，而看不见自己拥有什么。有时候我们在比较的世界里迷失了自己对幸福的定义，但是人生的际遇本来就不同：有人少年得志，有人大器晚成；有人儿孙满堂，有人孤独一生；有人功成名就，有人碌碌无为。每个人都有每个人的活法，每一种人生有每一种人生的意义。

　　曾经看过这样一个故事，一个被丈夫无情抛弃的女人，独自一人带着年幼的孩子，靠卖小点心养家糊口，生活极其艰难。虽然生活困顿，但她没有就此妥协，她脸上看不见一丝愁容和抱怨。

　　世间最乐观的活法就是，生活为难我，我报之以歌。她把那窄小的房子收拾得干干净净，她那张破旧的桌子上，常年摆着她从外面摘回来的野花，生活虽然贫穷，但"精神"足够富有。

　　别人都认为她的日子不堪忍受，她却经营得很好。当别人对她表示同情时，她却淡然一笑说："我感觉挺好的，我的孩子很健康，我们有东西吃，有地方住，已经很幸福满足了。"

　　我打心底里佩服这个女人，怀着感恩的心态战胜了一切，并把贫困的生活过成了属于他们自己的味道。

　　有时候，我们的人生虽然会面临着不幸。但幸福其实就是珍惜你所拥有的，用自己的努力去争取那些你想拥有的，这样的人生才能有满足的快乐。更何况，人生值得珍惜和感恩的远远超过了我们所失去的。

我们的父母给了我们生命；我们的同学给了我们相遇、相识、相知的一段不同的岁月；我们的老师给了我们新的成长；我们的另一半给了我们一个家；我们的同事给了我们并肩前行的陪伴；我们的对手给了我们更强大的内心；即使是陌生人也给过我们偶然的相遇……这些都值得我们用一生的时间去品味和珍惜。

如果你感到不快乐或感到不幸，就停下来想想你拥有了什么。既然我们拥有了生命和生活，就有了美丽而珍贵的人生。

学着去感恩每一次的遇见，感恩每一次的温暖，感恩每一次的打击，这些都让你的人生之书有了新的故事。当你学会了感恩你所拥有的一切，你也就拥有了幸福的源泉。